DE LA

TRUFFE.

IMPRIMERIE DE J. SMITH,

rue Montmorency, 16.

DE LA
TRUFFE,

TRAITÉ COMPLET
DE CE TUBERCULE,

CONTENANT

SA DESCRIPTION ET SON HISTOIRE NATURELLE LA PLUS DÉTAIL-
LÉE, SON EXPLOITATION COMMERCIALE ET SES RAPPORTS
DANS LE MONDE CULINAIRE;

SUIVI

D'UNE QUATRIÈME PARTIE

Contenant les meilleurs moyens d'employer les truffes en apprêts culinaires; les meilleures méthodes d'en faire des conserves certaines; les
indications, recettes et moyens les plus positifs et les plus compliqués
sur tout ce qui concerne cette substance;

PAR

MM. MOYNIER.

A PARIS,

DELAUNAY, Libraire, Palais Royal.

LEGRAND et BERGOUNIOUX. Succ. de Vᵉ
C. Béchet, Quai des Grands-Augustins, N. 59.

1835.

PRÉFACE.

Plusieurs personnes auxquelles nous avons parlé de notre traité *De la Truffe*, nous ont tenu ce langage : « Mais qu'y a-t-il donc tant à dire là-dessus ? » Une pareille observation nous a fait relire notre manuscrit plusieurs fois ; et nous y avons fait des recherches, afin de saisir et de retrancher ce qui nous paraîtrait n'être que longueurs et superfluités : mais nous n'avons rien trouvé : nous avons jugé indispensable de tout dire, de tout imprimer.

D'autres personnes, dont les professions embrassent ce tubercule, nous ont fortement engagé à faire cette publication, afin surtout d'établir des bases sur l'emploi de la truffe, tout en nous laissant sentir du reste qu'il ne serait pas généreux de tenir ignoré les résultats de nos recherches et de nos travaux.

En effet, amour-propre d'auteur à part, ce n'est point un opuscule à ajouter à tous ceux qui existent déjà, qui ont traité si légèrement et si imparfaitement de cette matière que nous avons entendu faire. Forts de douze années d'études de toute nature sur le tubercule, nous osons pouvoir dire le bien connaître ; et, puisque la truffe devient de plus en plus répandue, nous avons présumé qu'il serait agréable à l'amateur d'avoir sur elle un traité, qui en fût réellement un, dans lequel il pût puiser au besoin des moyens certains de la connaître et de l'employer : car jusqu'à ce jour on n'a pas fait encore à la truffe l'honneur d'une description aussi étendue qu'elle le mérite.

Nous n'avons pas eu la prétention d'écrire pour un genre de littérature. Nous ne nous classons dans aucune école, ni dans l'ancienne ni dans la nouvelle; nous n'avons voulu qu'être narrateurs, descripteurs; dès-lors, nous nous sommes seulement attachés à rendre avec clarté le sujet de notre publication.

L'ordre et les divisions que nous avons

suivis ont été encore en vue d'être les plus intelligibles que possible. Notre intention principale, en publiant ce livre, est de détruire les erremens usités, en foi de ce qui a été écrit ou dit jusqu'à présent par des littérateurs, marchands ou amateurs, plus superficiels, que profondément instruits et éclairés sur leur sujet.

Enfin, nous croyons avoir jeté les vraies lumières sur la connaissance et l'apprêt des truffes, en publiant dans notre quatrième partie les methodes, que nous avons jugées être les seules appropriables à l'art culinaire en ce qui concerne la truffe.

DE LA

TRUFFE.

PREMIÈRE PARTIE.

DESCRIPTION ET HISTOIRE NATURELLE.

On a long-temps cherché et l'on s'est long-temps occupé d'analyser cette étonnante production appelée TRUFFE. La botanique et la médecine ont fait chacune de leur côté de studieuses et de savantes recherches; mais toutes ont été infructueuses; elles n'ont pü arriver à nous apprendre et à nous démontrer ce qu'était au définitif la substance de la truffe; comment elle prenait germe, comment elle grandissait; si c'est par culture, ou bien par terre préparée, ni de quelle manière on devait s'y prendre pour la propager, la cultiver, la multiplier. Tout cela

n'est que demeuré inconnu et dès lors impossible à exécuter. Il faut donc que l'amateur, le
gourmet s'en tiennent à savoir qu'à l'excellent
goût, au succulent parfum qu'elle exhale, elle
réunit, d'après le dire de messieurs de la faculté,
la propriété de ne jamais causer d'indisposition
qui puisse avoir de suites fâcheuses, de réchauffer nos sens amortis, et par là donner de la
gaieté au plus froid convive.

Les connaissances pratiques que l'on a de la
truffe, ses formes physiques peuvent la faire
avec le plus de certitude décrire ainsi.

La truffe est une espèce de tubercule végétal,
ou de masse charnue, presque informe, raboteuse, sans tiges ni racines; recouverte par de
petites éminences en forme de boutons; de
couleur parfaitement noire; au dedans d'un
charnu de la même couleur, pourtant moins
prononcée; veinée en tout sens; généralement
très-odorante; elle se trouve dans la terre. C'est
une substance mangeable; sa nature est échauffante et irritante; elle possède le feu le plus
pénétrant et le plus actif des autres végétaux, ce
qui l'empêche d'être prise comme aliment simple, c'est-à-dire pouvant seule sans danger rem-

plir un estomac affamé. Son emploi ordinaire est d'accompagner auxiliairement les mets dans lesquels on la fait entrer.

La truffe naît, vit et meurt : ses puissances charnues n'existent que pendant sa vie ; une truffe qui en devient privée ne vaut rien. Nous voudrions pouvoir expliquer d'une manière solide au lecteur quelles sont les matières qui concourent à former ce tubercule; mais jusqu'à présent, c'est ce qu'on n'a pu saisir. Pour nous les connaissances que nous avons acquises sur ce tubercule, l'étude et les examens auxquels nous nous sommes livrés nous ont fait arrêter à un jugement, à une opinion ; et ce jugement cette opinion, nous osons les présenter comme certains ou tout au moins comme tout ce qui peut se recueillir de plus fixe, de plus probable sur le compte de la truffe. Partant de là, nous offrons nos analyses au lecteur comme étant celles qui peuvent être les plus certaines, convaincus du reste que nous sommes, que notre expérience seule suffit pour nous préserver des illusions et des erremens.

Nous avons vainement cherché dans les traités de médecine et de botanique quelque autorité, quelque précision qui pussent nous permettre de présenter au lecteur une description assez assise de la nature de ce tubercule ; mais nous n'avons trouvé que du vague et des contradictions, qui se résument très-bien par les laconiques définitions qu'en donnent les principaux vocabulaires.

L'Académie : TRUFFE, s. f. plante très-savoureuse et très-odoriférante, qui n'est en apparence qu'une masse charnue, qui se trouve dans la terre et qui ne pousse ni tige, ni feuilles, ni fleurs, ni racines.

Boiste : TRUFFE, s. f. plante et tartuffle, espèce de champignon informe, charnue, sans tige ni racines, raboteuse, odorante, veinée ; se trouve dans la terre.

Noël : TRUFFE, s. f. *tuber :* sorte de champignon sans tige ni racines, qui a la forme d'une masse charnue, et qu'on trouve dans la terre.

On voit donc que la nature des truffes est un vrai mystère ; qu'on est encore à découvrir comment elles naissent, poussent, mûrissent et se reproduisent ; que l'on ne peut former là dessus que des conjectures toutes fort équivoques, fort incertaines ; car les remarques exactes, les véracités qu'ont pu obtenir les gens qui les cherchent, qui en commercent, ainsi que les amateurs qui les étudient, ne sont fondées sur rien qui puisse déterminer à adopter irréfragablement la moindre croyance.

Nous le répétons : on ne connaît nullement la nature des truffes ; elles n'ont point de germes ni de semences, conséquemment on ne peut ni en semer, ni en planter, ni en cultiver ; toutes tentatives faites jusqu'à ce jour, et qui ont eu pour but l'un ou l'autre de ces résultats, ont toutes avorté. Combien ne doit-on pas sourire à ces intructions de toutes sortes qui sont données dans divers traités sur les diverses manières prétendues récemment découvertes d'en faire produire à volonté, et d'en importer et immatriculer d'un bon canton, soit du Périgord, soit du Dauphiné, ou de la Provence, dans tout autre terrain du goût de l'amateur, de faire enfin à son gré des *Truffières*, comme on est certain de faire produire du blé à son champ ! Combien produirait d'hilarité à ces paysans extracteurs, connaisseurs consommés, s'il en doit être, la lecture de ces divers manuels imprimés, non seulement de nos jours, mais tout récemment,

où de si beaux systèmes sur la nature et la re-
production des truffes sont avancés et traités
avec l'assurance du véridique ! L'incrédulité de
ces bonnes gens, manifestée par une brusque et
laconique réponse, ferait aussitôt justice de
l'assurance et du ton musqué de ces messieurs,
qui sur la matière prennent hardiment le ton
de professeurs, eux qui n'ont jamais été éco-
liers.

Toutes combinaisons, toutes réflexions, tous
calculs, toutes analyses faits, il faut s'accorder
à croire à une espèce de prodige : que les
truffes naissent spontanément dans toute leur
grosseur, dans toute leur maturité : et pour
autorité de ceci, nous dirons seulement qu'il
arrive fréquemment de fouiller dans un endroit,
n'y rien trouver d'abord, y repasser une heure
après, fouiller de nouveau, et cette fois y trouver des truffes de toutes les grosseurs en quantité plus ou moins considérable.

Il est donc bien constaté que cette substance
ne naît pas par soins, par semence, par calcul, par opération de l'homme. Elle naît spontanément et sans aucun secours, par une révolution atmosphérique, de la pluie au beau

temps, du froid au chaud, ainsi de suite. Mais il a été remarqué que l'intensité du temps froid produisait seulement les meilleures truffes et en plus grande abondance : c'est aussi seulement dans l'hiver qu'on en mange le plus abondamment.

Nous pensons que ce qui forme les truffes en terre sont des herbes racines, auxquelles se mêle une certaine quantité de terre de l'espèce à peu près de celle appelée terreau, humectée long-temps par des eaux pluviales, amassées et demeurées dans les terrains truffiers, en plaine à l'ombre des arbres, principalement le chêne, le mûrier ; ce qui a suscité l'erreur à certaines personnes de penser que des feuilles mortes de ces derniers arbres, tombées sur la terre et mêlées avec elle, produisaient la naissance des truffes.

La truffe a existé de tout temps ; elle existait aussi bien dans les temps les plus reculés qu'elle existe aujourd'hui. Il est du reste plus naturel de croire qu'on fait seulement de nouvelles découvertes, plutôt que de penser que la nature soit elle-même inventive. Quoiqu'il ne soit pas parlé de la truffe aux dîners des grands seigneurs du bon vieux temps, nous pouvons affirmer qu'elle y tenait place. Tout le monde sait pourquoi Molière appela du nom de *Tartuffe*, mot qui depuis a pris rang dans notre vocabulaire, le personnage principal de sa comédie. Il fut frappé de la rotondité du visage et du vermillon des joues d'un saint homme selon l'habit qui mangeait devant lui des truffes à la table d'un prélat. Ce digne homme était affublé d'une énorme robe de laine, laquelle enveloppait en même temps sa personne et une bonne partie de la table qu'il occupait. Cette attitude lui donnait un air profondément occupé; il paraissait en mangeant ses truffes être en contemplation devant une madone ou savourer à longs traits des plaisirs intérieurs adroitement dissimulés. Comment appelez-vous ceci? lui demanda Molière. — Truffe, mon cher maître, lui répondit le mangeur comtemplatif. — J'en ferai Tartuffe et le pauvre homme, se dit Molière.

La truffe était donc en ce temps bien connue; on ne saurait en douter, et bien auparavant la découverte en était faite; mais sans chercher cette époque, qui se perd dans l'ignorance du vieux temps, et après Molière, nous voyons

qu'elle n'attendait pas notre époque pour se
faire remarquer ; que cette substance paraissait être fort ordinaire, pendant le siècle de
Louis XV ; qu'il s'en consommait beaucoup,
nous le pouvons assurer ; car plusieurs paysans
nous ont affirmé que leurs aïeux en ramassaient
considérablement, et que les quantités qu'ils
en vendaient étaient d'une grande importance.
Enfin ne voulant rien donner de douteux, nous
nous garderons d'avancer un nom et une époque par qui et dans laquelle la découverte de
la truffe aurait été faite.

Le mérite et la valeur de la truffe sont placés
très-haut par les personnes gourmets, d'un palais délicat ou très-sensible ; c'est pour elles le
superlatif de toutes les substances mangeables ;
ils la recherchent et la convoitent avec avidité ;
les regards dont ils la frappent sont dévorans
et peignent visiblement la véhémence de leurs
désirs, car la vue d'une truffe leur cause une
émotion difficile à décrire ; ils la mangent avec
une sensualité dont rien n'approche ; l'odeur de
la truffe met tous leurs sens en émoi ; il est fa-

cile de se figurer les voluptés gourmandes
qu'ils satisfont, lorsqu'ils la savourent et la
mangent.

Beaucoup de personnes, et notamment les
gens du peuple, ne trouvent point dans la truffe
ces merveilleux mérites à la sensualité. Ils lui
préfèrent un aliment des plus simples, des
plus grossiers ; ils ne trouvent à la truffe qu'un
goût fade, insignifiant. On peut en attribuer les
motifs avec assez de probabilité à la virginité
de leur palais, qui peu accoutumé aux mets de
luxe, n'est point aiguisé ni éveillé, tandis que
ceux qui l'ont fatigué, blasé et amorti par
une constante nourriture de mets succulens,
recherchent extrêmement les truffes ; parce
qu'elles stimulent leur goût, excitent leurs
sensitives friandes, ouvrent et aiguisent leur
appétit. Mais les mérites et la succulence de la
truffe ne sont parfaitement sentis, aperçus
et goûtés que par les vieillards : il faut voir
comme leur dégustation sait se faire rendre
compte de tous ses goûts, comme leur palais
en raisonne la succulence, comme enfin toutes
les voies leurs sont ouvertes pour en humer
toutes les sensitives gastronomiques. Allons

plus loin : la truffe tient lieu, dit-on, à quelques-uns de toute volupté. Du reste, et généralement elle porte aux plaisirs des sens charnels. C'est en mangeant une truffe avec ce raffinement complet de gourmandise, avec cette sensualité indéfinissable qu'elle procure, qu'ils y trouvent une certaine jouissance, qu'il n'est point déplacé sans doute, pour la définir véridiquement au lecteur, de la qualifier délire.

Le goût et l'odeur de la truffe ont quelque chose d'aromatique, de suave, de violent, de parfumé, d'épicé ; ils imbibent et pénètrent tous les corps qui les entourent : que l'on mette dans un lieu renfermé seulement une ou plusieurs truffes, en voilà assez pour remplir l'espace d'une seule odeur, qui est celle de la truffe ; son odeur aliène même ou l'emporte sur celles qui pourraient exister par la présence de tous autres corps odoriférans dans la même pièce. Laissez également quelques truffes assez de temps (et il n'en faut pas beaucoup) parmi des fleurs, des fruits, de la viande ou toute autre substance sensible, elles leur communiqueront à un degré si fort leur goût et leur odeur, que ceux-ci détruiront entièrement ceux de ces autres substances.

Un petit ballot de comestibles d'office, tels que oranges, citrons, figues, nougats, gâteaux, etc. dans lequel on aura adjoint quelques truffes, et qui seront restés auprès de ces objets seulement pendant deux jours de route, déballé aussitôt son arrivée, ne présentera plus tous ces divers objets que leur goût naturel détruit et totalement gâté par l'extrême prééminence de celui de la truffe. Que l'on se garde de croire que nous parlons par induction : un fait pareil à celui que nous décrivons est arrivé, et nous avons vu de ces effets mille exemples confirmatifs.

Il y a des truffes de toutes les grosseurs, de très-petites comme de fort grosses, depuis trois lignes de diamètre jusqu'à six pouces. Les différentes grosseurs ne les font point différer en qualité ; les petites comme les grosses sont indistinctement aussi bonnes.

La truffe, quoique informe, peut se dire

ronde, mais d'une rondeur généralement peu régulière; cependant il y en a de très-cornues, de
tortueuses, de biscornues, de tournées de façons
les plus difformes; plus la truffe est ainsi, et
moins elle a de prix, parce qu'elle a plus de terre
après elle, et qu'elle fait plus de déchet à l'é-
pluchage que lorsque elle est tout-à-fait ronde.

La truffe n'est recouverte par aucune peau
ni écale, car on ne pourrait appeler ou de l'un
ou de l'autre de ces noms les petites éminences tillieuses, en forme de graine de millet
ou de petits boutons, qui la recouvrent.

L'intérieur des bonnes truffes est un charnu
noir, divisé et traversé en tous sens par des
membranes extrêmement minces, de couleur
plus ou moins foncée, tirant sur le blanc gris;
ce qui fait qu'une truffe coupée représente
assez un marbre cendré. Ce charnu est peu
humide. Les bonnes truffes sont toujours très-
fermes.

Il y a presque sur toute la surface du globe
des truffes. Il y en a en Italie, en Piémont,
en Corse, en Espagne, dans toute la France, en

Allemagne. On en a trouvé dans le midi de l'Angleterre, dans quelques îles des mers du nord et de la Manche, en Amérique, et généralement par toute la terre. Chaque contrée les a d'une espèce et d'une qualité qui lui est particulière : en exceptant celles du midi de la France, et auxquelles seulement s'appliquent les descriptions que nous venons de faire, toutes ces truffes ne sont pas fameuses ; elles sont à juste titre dédaignées, et n'ont en conséquence que peu ou point de valeur ; c'est pourquoi nous ne nous étendrons pas sur leur description.

Les meilleures truffes ne se trouvent donc que dans quelques départemens méridionaux de la France, qui à eux seuls en fournissent aux consommateurs de toutes les contrées. On divise ces truffes en deux classes : la première du Périgord, qui comprend les truffes qui se trouvent dans les départemens de la Charente, de la Haute-Vienne, de la Dordogne, de la Gironde, de la Corrèze et de la Haute-Garonne ; la seconde du Dauphiné, ou plutôt de la Provence, qui est la plus considérable et sans trop de justice la moins réputée, mais qui n'en

donne pas moins des truffes excellentes de
même qualité que celles du Périgord , et qui
même dans certains momens l'emportent sur
ces dernières de beaucoup en qualité. Elle
comprend les truffes des départemens de
l'Isère , de l'Ardèche , de la Drôme , du Gard ,
des Hautes-Alpes , de Vaucluse , des Basses-
Alpes , des Bouches-du-Rhône et du Var.

Les meilleures truffes du Périgord sont données par le canton de Sarlat (Dordogne), et par
celui de Brives (Corrèze) ; les meilleurs truffes
du Dauphiné sont données par les cantons de
Tain et de Valence (Drôme).

On ne reconnaît donc en France que deux
espèces de truffes mangeables , gourmandes ,
parfumées et savoureuses ; ce sont celles que
nous venons de dénommer sous les noms du
Périgord et du Dauphiné-Provence , c'est-à-
dire qui sont extraites de ces provinces. Ce sont
les seules que nous reconnaissons bonnes , d'un
parfait arome et d'une exhalaison d'excellent
parfum.

Il est cependant d'autres truffes dont on se
sert à cause de leur précocité, d'autres par res-
pect pour l'éloignement des lieux d'où on les

exporte; ce qui fait croire au consommateur qu'il faut que ce soit une excellente production, puisqu'on a pris la peine et fait les frais de la faire venir de si loin; mais malheur, malheur, trois fois malheur au gourmet imprudent, inhabile qui se sera laissé fasciner et tromper; son palais si bien disposé à la dégustation de la vraie truffe gourmande, ses titillations gastronomiques vont s'émousser; ses facultés gourmandes sont perdues.

Parmi ces truffes étrangères à celles qui seules méritent leur nom, nous citerons celles d'Alsace, de Poitou, de la Bourgogne, de la Champagne, de l'Auvergne, etc. On en a même employé en 1831 de Vincennes, près Paris, où on en a trouvé à cette époque une assez grande quantité. En truffes étrangères, nous citerons les truffes à l'ail d'Italie, appelées ainsi à cause de leur goût d'ail fortement prononcé; elles se rapprochent de la race des tapinambours; celles d'Angleterre, d'Espagne, d'Autriche, et même d'Amérique.

Les truffes existent tant dans les plaines que

dans les forêts et sur les montagnes, parmi le thym, le romarin, le long des rivières, dans le sable; quelques-unes même se ramassent sur le bord de la mer. Cependant elles se trouvent de préférence et en plus grande quantité aux alentours d'un bois, le long d'un taillis. Elles sont en terre depuis quelques pouces jusqu'à plusieurs pieds de profondeur, jamais à l'extérieur; rien n'indique à la surface de la terre s'il y en a dessous. Le paysan fouilleur ou extracteur marche dans la campagne au hasard çà et là, indispensablement accompagné d'un chien, plus communément et plus fructueusement d'un pourceau; il se laisse guider par cet animal, ou plutôt suit attentivement toutes les directions qu'il prend, selon son instinct et la pleine liberté dont il jouit. Attiré par l'odorat, il se dirige bientôt vers les divers endroits qui recellent des truffes. Arrivé au lieu où il en existe, l'animal fouille aussitôt la terre; son conducteur le laisse opérer jusqu'à ce qu'il fasse paraître quelques truffes, ou qu'il lui en voie manger; aussitôt il éconduit son animal découvreur; fort souvent il n'y réussit qu'à force de coups de bâton, car le cochon est tenace par vo-

racité pour la truffe, qu'il aime beaucoup, en
place de laquelle il est alors forcé de se contenter d'une poignée de gland, dont le dédommage
son conducteur, qui ensuite s'occupe d'extraire
et d'enlever les truffes qui viennent d'être découvertes.

Il n'y a pas de terrain affecté plus particulièrement à la résidence des truffes; cependant
la truffe paraît affectionner un terrain sec et
stérile, ne produisant que des herbages insignifians. Presque toujours les terres où elles se
trouvent sont abandonnées par la culture. C'est
à l'entrée d'un bois qu'elles se trouvent en plus
grande quantité. Aux alentours du chêne on n'en
manque jamais ; aussi existe-t-il sur les lieux
de production, dans l'esprit de quelque obser-
vateur, ainsi que nous l'avons déjà observé, la
croyance que la truffe est germée par les racines de cet arbre. Mais lorsqu'on considère
que l'on en trouve également dans les plaines,
sur les montagnes où il n'existe pas même le
moindre arbrisseau, et qu'encore des terrains
sablonneux sans arbres donnent également de
fort bonnes truffes ; qu'on en trouve aussi sur
les rives caillouteuses du Rhône, l'opinion que

nous venons de rapporter est sur-le-champ détruite et ne laisse pas même à sa place le moindre doute dans l'esprit.

On trouve aussi des truffes le long des sentiers, aux bords des routes, aux pieds des buissons et des taillis.

Toute l'année il y a des truffes ; mais elles ne sont noires et en plus grande abondance qu'en hiver, c'est-à-dire depuis le commencement du mois de novembre jusqu'à la fin de mars. Cet intervalle de temps forme l'époque de l'année où elles sont en pleine qualité ; et ce n'est seulement que dans ce même temps, qui s'appelle par les commerçans de l'article la saison des truffes, qu'elles se recherchent plus généralement. Dans tous les autres temps de l'année elles sont blanches dans l'intérieur, privées de parfum et de saveur, et la couleur de leurs membranes marbrantes n'est que d'un gris presque blanc ; il n'y a que les petites éminences qui forment la couverture de la truffe, qui sont toujours et à toute époque de l'année d'un noir parfait. Cette différence a laissé croire à quelques personnes, et surtout aux auteurs dont nous parlions tout à l'heure, que cette sorte de truffe n'est pas encore mûre, que ce sont de jeunes truffes; mais il n'est que trop constant qu'une truffe qui naît blanche est toujours blanche et ne devient jamais noire; et une preuve assez péremptoire de ceci, c'est qu'elles ne sont pas toutes petites : il y en a de toutes grosseurs, comme de noires, et aucun degré de leur passage à la maturité n'est jamais indiqué; la forme extérieure des truffes blanches, grosses ou petites ne diffère en aucune manière de celle des truffes noires. En accueillant ceci, on pourrait encore rester dans un autre vague ou doute, que les truffes blanches peuvent être au moins une autre espèce de truffes; mais l'on saura que c'est le froid seul qui les produit noires, et qu'en conséquence toutes truffes qui ne naissent pas par une température froide, doivent être blanches indubitablement.

Ainsi que nous l'avons déjà dit, ces truffes n'ont point de goût, car nous n'appellerons pas ainsi l'espèce de saveur fade et insignifiante qui est leur seul apanage; elles n'ont en conséquence que très-peu ou point de valeur : on les recherche à peine en Périgord. Mais en Provence on n'en néglige pas la récolte, parce que quelques explorateurs ont la possibilité de les vendre à tous les méridionaux et à quelques orientaux, qui ont pour elles un goût particulier. Cette truffe est offerte au commerce d'une manière toute différente : extraite de terre, les paysans les lavent et les découpent par rondeur et minceur de la représentation d'une pièce d'un sou ; ils les font promptement sécher sur les toits de leurs habitations par leur exposition à leur ardent soleil du midi ; ensuite ils les mettent en caisse, sacs ou paniers. On en voit des quantités immenses exposées en vente à la grande foire de Beaucaire.

La qualité des autres truffes, à l'exception de celles du Périgord, du Dauphiné et de la Provence, *seules truffes gourmandes reconnues de notre hémisphère*, qui se trouvent dans les autres contrées que ces provinces, est à peu près semblable à celles de ces truffes blanches dont nous venons de parler. La nature, toujours bizarre sur le compte de ce tubercule, fait pourtant paraître de temps en temps quelques exceptions. Ainsi on a vu dans les saisons de 1828 à 1831, le Poitou, province de France, en donner de fort bonnes, assez pleines de feu, de saveur et d'arome; elles différaient pourtant encore des vraies truffes gourmandes en ce qu'elles étaient plus humides, et que le jus de cette truffe était composé de parties peu spiritueuses, plutôt aqueuses en totalité. Ces truffes furent bien vite exploitées. Le commerce les a présentées aux consommateurs, qui les a payées et mangées, comme, hélas! il paie et mange bien autre chose équivoque en qualité, pour de première bonté et valeur.

Les truffes du Poitou sont tellement passagères et leur bonne saison si rare, qu'il n'a pas été possible de faire des recherches et des applications sur leur qualité savoureuse. Cependant on a pu reconnaître qu'elles se rapprochaient un peu pour la qualité de celles du Périgord, et qu'en de certaines années le consommateur ne perdait rien en s'en servant; cependant les cas sont si exceptionnels, que nous ne saurions trop recommander de ne pas y toucher.

Ce qui encore a fait employer cette truffe, c'est sa précocité ; elle paraissait noire déjà fin d'août. Elle est d'une belle forme ronde ; son intérieur charnu n'exhale que peu d'odeur au dehors, c'est-à-dire à travers les pores de sa couverture ; la terre n'y est presque jamais adhérente : cette truffe ne conserve pas son arome en l'employant. Pour sa conservation, plusieurs préparations que nous en avons faites nous ont démontré qu'une fois en contact avec le calorique, elle ne conserve plus ni odeur ni fumet.

La truffe du Poitou est belle, bien noire, a l'intérieur veiné ou marbré de blanc ; elle porte un goût de muscade ou des quatre épices ; elle est suintante, légère et d'une faible ductibilité.

Les truffes de Bourgogne sont grosses, ont les éminences de leur couverture grosses et carrées ; leur intérieur est blanc sans être marbré ; elles ne portent aucun parfum, aucune odeur.

Les truffes d'Alsace tiennent un milieu entre celles du Poitou et de la Bourgogne ; mais leur mince qualité et valeur est de la plus éphémère existence ; à peine si chaque année on en récolte pendant une vingtaine de jours qui aient quelque bonté.

Les truffes du Piémont et de la haute Italie font hardiment exception à la généralité des espèces que nous venons de décrire ; elles n'ont point comme les autres pour couverture les petites éminences noires et tilleuses : elles ont une vraie peau, à peu près semblable à celle du champignon, mais rougeâtre ainsi que leur intérieur, qui représente assez un marbré, parce qu'il est également traversé en tous sens par des membranes grisâtres, mais moins en abondance, ce qui fait que les veinures sont plus distancées. Le goût de l'ail domine singulièrement dans le goût de ces truffes ; il y a loin, bien loin, du fumet délicieux, de cette odeur balsamique, aromatique, dont la vraie truffe gourmande est si richement dotée, au goût désagréable, détestable, de cette truffe du Piémont. Le commerce non seulement ne lui donne pas la moindre valeur, mais la craint, la tient dangereuse même. Lorsque dans quelques saisons il arrive qu'elle se montre en assez petite quantité, il est vrai, dans le midi de la France, et qu'elle est extraite et envoyée avec la vraie truffe gourmande, il faut voir comme en toute occasion l'on en écarte avec soin l'espèce reconnue pour celle dite de Piémont, afin que son odeur empoisonnée n'altère pas celle délicieuse de la truffe gourmande. On dit que quelques gourmands recherchent la truffe de Piémont ; nous sommes à en connaître un seul. Il n'est pas gourmand celui qui peut savourer avec délice un si abominable goût. Quel charlatanisme ! quelle piperie n'existe-t-il pas dans l'exposition sur la voie publique, que font ces magnifiques magasins de toute sorte de gourmandise de cette truffe avec ce titre : *Truffe de Piémont*, que le consommateur peu exercé tient sans doute, sur cette indication, bien supérieure aux autres ! Nous ne savons pas si les détaillans en vendent beaucoup ; mais nous savons que le commerce n'en vend jamais, n'en n'achète jamais, et que ces mêmes détaillans éconduisent toujours les proposans de cette espèce de truffe : nous en sommes donc à deviner où ils en prennent.

Les truffes de Bourgogne, celles de Champagne, etc. ne sont vantées par personne, ni recherchées par aucun consommateur ; non seulement elles n'ont rien de ce qui appartient à la bonne truffe, mais encore elles sont du plus

mauvais goût. Malheureusement le plus grand
nombre des marchands en présente à la vente
bien avant l'apparition en parfaite qualité des
truffes des bonnes contrées, trompé qu'il est
par la difficulté de la distinguer de ces dernières, puisqu'elles sont blanches également,
comme le sont les bonnes en primeur : il y en
a dans le nombre quelques-unes dont on pourrait se servir à cause du plus de parfum qu'elles
ont que les autres ; mais elles sont fort rares.
Nous en avons mangé cependant d'assez bonnes
en 1825 à Avallon.

Les truffes trouvées à Vincennes en 1831
n'ont eu qu'une saison, et ça a été un véritable
acte de bonne foi qu'ont fait les explorateurs de
ce lieu en n'en provoquant pas une seconde, car
mettre de pareilles truffes dans le commerce, et
les laisser acheter par le consommateur trop confiant, c'était véritablement tromper le public.

*Les truffes d'Angleterre, d'Autriche, et
d'Amérique*, comme toutes celles qui se trouvent dans toute autre contrée du globe, sont
des espèces particulières, qui diffèrent totalement de celles ci-dessus décrites pour la forme,
la couleur, et le parfum ; comme aussi par les

préparations différentes auxquelles il faut recourir pour les apprêter. Nous en avons goûté de fort bonnes et de fort mauvaises. Cependant il faut le dire : notre palais, à nous autres Français, n'est point disposé comme celui des étrangers à recevoir des préparations fortes ; c'est peut-être à cela que nous devons attribuer la mauvaise impression gourmande que nous avons ressentie en goûtant ces truffes ; car d'après les essais partiels que nous en avons faits, nous avons reconnu que, quoiqu'elles soient loin d'approcher en qualité de nos bonnes truffes de France, elles n'en ont pas moins une qui, pour leur être particulière, n'est pas sans mérite, et s'y familiarisant un peu, finit par devenir supportable et ensuite tant soit peu agréable. Chose étrange ! Ces truffes exotiques sont dix fois plus diversifiées en espèces que les nôtres ; et que serait-ce encore, si l'on s'occupait de les rechercher d'une façon plus intéressée ! Peut-être en découvrirait-on de parfaitement bonnes comme de meilleures que les nôtres : qui sait ? Un connaisseur nous a assuré qu'en Pologne et en Moldavie, il en avait mangé provenant du pays de parfaitement bonnes.

En Espagne, par exemple, les truffes y sont de parfaite qualité ; et nous ne savons pas trop si en de certains cantons elles ne sont point préférables aux truffes du Périgord. Nous avons long-temps recherché les moyens de les livrer à la consommation parisienne ; mais le trajet, quoique se faisant en poste, était fort long ; il s'en gâtait beaucoup, et le prix du transport les faisait revenir à un prix trop élevé pour soutenir la concurrence des autres truffes émises dans le commerce. Nous avons seulement quelquefois cédé aux désirs et aux demandes de quelques gourmets particuliers, qui en avaient avec nous reconnu la parfaite supériorité en qualité.

En général la truffe, quelle qu'elle soit, présente tout d'abord un goût fade ; il n'est donné qu'à l'amateur, au connaisseur, de s'apercevoir de ses riches aromes ; il n'est aussi donné qu'au cuisinier, c'est-à-dire à son art, de faire par l'apprêt ressortir tout ce qu'elle renferme de précieux goût, de suavité gourmande, tout en concentrant son arome par les divers assaisonnemens qu'il y adjoint. Feu M. Brillat-Savarin, le plus grand connaisseur et appréciateur de ce tubercule, était aussi le seul qui savait le mieux en approprier les apprêts selon ses diverses qualités, et toujours en professeur lumineux. Il est vraiment rare de trouver comme lui un homme s'occupant exclusivement de tout ce qui devait composer son dîner, où la truffe paraissait toujours. — Si je n'ai pas des truffes à trois heures aujourd'hui, nous disait-il un jour que l'article était fort rare, vous me ferez le plus grand mal; vous me mettrez au désespoir.

Le lecteur sait que nous ne reconnaissons positivement que deux espèces de truffes bonnes et gourmandes, CELLES DU PÉRIGORD, ET CELLES DU DAUPHINÉ ET DE LA PROVENCE, que l'on confond ensemble généralement. Il y a encore cependant bien du choix à faire parmi elles, car il existe bien des degrés et des différences de qualité dans ces deux bonnes espèces; on y trouve des musquées, de bois, des pierreuses, des verreuses, des suintantes, des mollasses, quoique saines, etc.

Pour distinguer la bonne truffe, il faut beaucoup d'attention, beaucoup de tact : dans une quantité nombreuse de truffes réunies, il n'y a pas une seule truffe qui se ressemble ; nous tâcherons cependant d'indiquer de notre mieux les procédés pour connaître la bonne truffe d'une manière invariable, et nous décrirons les vices des autres.

Nous avons dit qu'il y avait des truffes toute l'année, c'est-à-dire que la terre en produit pendant toute l'année sans interruption. On peut les diviser pour les qualités ainsi qu'il suit :

La truffe de l'automne, qui se récolte en septembre, octobre et moitié novembre.

La truffe d'hiver, qui se récolte fin novembre, décembre, janvier, février et première moitié de mars ; en de certaines années on voit cette saison se poursuivre jusqu'à la mi-avril ; mais cela est très-rare.

La truffe du printemps et d'été, qui se récolte fin mars, avril, mai, juin, juillet et août.

La truffe d'hiver est la meilleure : c'est seulement celle qui est dans l'intérieur noire, veinée blanche en tous sens par de courtes et nombreuses membranes blanches ; elle est dure, cependant flexible ; elle possède toutes les qualités qu'il est possible de désirer ; elle n'est ni sèche ni humide ; elle doit exhaler extérieurement tout son parfum de truffe. On doit commencer par respirer cette odeur, ce qui conduit à distinguer, à apercevoir toutes celles d'une odeur fétide dont nous avons parlé ; on s'apercevra également, pourvu que l'on ait l'odorat sensible, des musquées, des suintantes, qui ont une odeur de moisi, des échauffées, etc.

Les truffes du printemps, d'été ou d'automne sont toutes blanches, ou rouges, ou grisâtres, veinées de blanc ; elles n'ont pas de couleur bien caractérisée, car ce qui la détermine, c'est la température. Le peu de bonne qualité qu'elles peuvent avoir est si faible, que nous n'engagerons jamais le consommateur à y toucher, toutes les fois qu'il pourra avoir des truffes noires, fraîches, ou des conservées de la bonne saison à une préparation bien réussie. On ne doit généralement se servir des truffes des saisons autres que l'hiver que particulièrement et d'après les moyens que nous indiquerons dans notre dernière partie.

Ces truffes blanches, pour être des cantons

des bonnes truffes gourmandes, soit du Périgord, soit du Dauphiné ou de la Provence, et conséquemment appartenir à la bonne espèce, doivent être petites, de la grosseur tout au plus d'une petite pêche; leur couverture, qui est noire, ne doit consister qu'en éminences fort petites et très-peu prononcées. Cette indication doit être bien remarquée, parce qu'elle a le double avantage de faire distinguer ces truffes d'avec celles de Bourgogne, d'Alsace, etc., qui, quoique semblables pour l'intérieur, sont fort grosses et ont les éminences de leur couverture très-prononcées; et l'on sait que ces truffes ne valent rien. Comme le détaillant en tient comme pour annoncer les bonnes en primeur de la saison d'hiver, il est bon de prévenir le consommateur; ainsi, avec la facilité d'asseoir son jugement, par l'emploi des moyens ci-dessus, il repoussera les truffes d'une énorme grosseur et d'une couverture trop raboteuse.

On n'aura pas à rencontrer cet inconvénient de mélange parmi les truffes noires de l'hiver, car il est incontestablement reconnu, constaté que cette couleur n'affecte que les

truffes du Périgord, du Dauphiné et de la Provence.

Dans ces dernières, on doit toujours rechercher les grosses truffes ; les plus belles et les
plus profitables sont celles qui sont rondes, sans
cavité, sans trop de terre y attenant, et d'un
terrain sablonneux. Qu'elles soient lourdes ou
légères, cela est indifférent ; on ne doit pas s'en
inquiéter, car leur degré de pesanteur ne fait
rien à leur goût et à leur qualité. La légèreté
fait au contraire gagner au volume, puisque cet
article se vend au poids. On reconnaîtra facilement et on aura soin d'écarter toutes celles qui
ne se rencontreront pas à l'intérieur, comme
nous l'avons déjà décrit plus haut, d'un noir
marbré de blanc et d'une fermeté solide. Puis
les mauvaises sortes se reconnaîtront sur ces
descriptions :

La truffe de bois est rouge, remplie ou plutôt
composée de racines ; elle a une odeur de terre
assez prononcée.

Celles appelées pierreuses sont remplies d'un
amas de petits graviers, que l'on ne saurait extraire.

Les verreuses, qui, quoique fermes et de

bonne apparence, contiennent des vers en quantité plus ou moins grande; mais cette sorte est facile à reconnaître tout d'abord, parce qu'à l'extérieur les truffes attaquées montrent de petites piqûres.

Les truffes suintantes sont celles qui sont toujours mouillées; elles exhalent un gout d'âcreté insupportable.

Enfin *les truffes musquées* devront se reconnaître le plus facilement de toutes par une odeur de musc, que ces truffes exhalent fortement. La rencontre de cette sorte de truffe défectueuse n'est à redouter qu'à la fin de la saison d'hiver, seule époque où elle apparaît durant la bonne saison.

Les truffes les plus récentes sont les meilleures; une vieille truffe a perdu son parfum, tout son goût. Pour les connaître, il faut examiner la terre qui se trouve adhérente à la truffe: si cette terre se détache facilement, la truffe est vieille; si tout en s'en détachant, la terre est tant soit peu humide, la truffe est gâtée ou va se gâter; si elle s'en détache sèche, en poussière ou par fragmens, la truffe est sèche et perdue; car, nous le répétons, les puissances

odoriférantes, que le charnu de la truffe renferme, s'échappent d'elle à mesure qu'elle
vieillit : il se fait que dans ce dernier cas, celui
de la sécheresse, il n'existe plus dans cette
truffe qu'une substance d'un goût insignifiant.

Cependant quand nous disons que les truffes
les plus récentes sont les meilleures, cela ne
doit s'appliquer qu'à des truffes dont l'extraction de terre date du moins d'une dixaine de
jours, car une truffe employée dès son extraction
ne développe point encore tous ses aromes,
toutes ses bonnes qualités.

La saison de parfaite qualité des truffes du
Périgord commence plus tôt que celle des truffes du Dauphiné-Provence ; mais aussi elle finit
bien plus tôt. Les truffes du Périgord commencent à se trouver noires en novembre, et finissent de l'être avec le mois de janvier. Les truffes
du Dauphiné et de la Provence ne se trouvent
noires qu'en décembre ; mais il n'est point rare
du tout d'en trouver encore de très-noires et de
très-bonnes en avril.

Déjà nous avons dit qu'autour des truffes,
lors et depuis leur extraction, il reste toujours

plus ou moins de la terre. Cette terre a la couleur rouge ou grise, ou brune, ou noire, selon celle du terrain d'où elle provient. Toutes ces sortes de terre se tiennent attachées à l'entour de la truffe par la constante évaporation de son humidité. Moins une truffe a de terre autour d'elle, plus elle se conserve ; néanmoins celle qui y demeure indispensablement est conservatrice de la truffe : une truffe lavée ne peut vivre long-temps et ne peut jamais voyager.

Il y a aussi des truffes qui viennent dans des terrains sablonneux ; alors elles ne sont entourées que d'un peu de sable. La forme de cette truffe est généralement d'une rondeur bien formée, sans presque aucune irrégularité. Cette sorte de truffe ne se trouve que dans le Dauphiné et la Provence ; il n'y en a point dans le Périgord. Elle existe bien abondamment le long du cours du Rhône, soit sur la rive gauche, soit sur la rive droite. On trouve encore des truffes sablonneuses sur quelques pics de la Provence. Le mont Liberon, dans le départemens de Vaucluse, en présente à l'extraction. Toutes les truffes de cette sorte sont de parfaite qualité et d'un premier prix ; par une seconde

raison , c'est que ce sont celles qui subissent le
moins de déchet de toutes.

Nous avons défini l'essence et la nature de la
truffe , en disant que c'était un feu végétal des
plus actifs, dont ce tubercule est pourvu au degré le plus élevé que ne le possède aucune autre
substance végétale. Cela est sans contredit
incontestable : dès que la truffe est sortie de
terre, elle périclite jusqu'à sa mort. Son odeur
est d'abord des plus vives, et sa consistance des
plus fermes : mais insensiblement son feu s'exhale ; son odeur si violente, si prononcée, se
passe et finit par devenir infecte ; sa consistance
devient nulle ; enfin elle tombe en fumier et se
fane totalement.

La durée moyenne de la vie d'une bonne
truffe est d'un mois environ dans un temps tem-
péré : un temps chaud les facilitant à s'exhaler,
les fait périr bien plus vite ; un temps froid re-
tenant et reserrant leur feu, les conserve et les
maintient plus long-temps. La truffe peut alors
exister sept à huit semaines.

La truffe paraît être de toutes les substances

végétales celle à laquelle la gelée fait le plus de mal ; cependant il faut un bien grand froid pour les détruire complètement.

Les truffes sorties de terre gèlent à cinq degrés au-dessous de zéro du thermomètre de Réaumur : la gelée leur fait perdre la plus grande partie de leur feu, de leur odeur, de leur saveur et de leur consistance, en un mot, de leur bonne qualité ; elle fait disparaître leur marbré et change leur noir de l'intérieur en gris cendré : l'extérieur est toujours le même.

On concevra facilement que la gelée doit abréger leur vie ; dès que les truffes passent de cet état à celui du dégel, elles se ramollissent considérablement ; elles écoulent par tout leur extérieur un liquide, et finissent par tomber tout-à-fait en eau. Une truffe gelée à un degré quelconque ne doit plus se considérer comme une bonne truffe.

Par un froid assez fort et continu, les truffes gèlent aussi dans la terre ; quoique cela ne manque pas de leur faire beaucoup de mal, ce mal n'est pas si considérable que celui des truffes qui gèlent après leur extraction. De même qu'à celles-ci, leur marbré et leur goût dispa-

raissent, mais non pas autant qu'à celles qui
gèlent après leur sortie de terre. Les truffes
gelées dans le sein de la terre perdent aussi
au dégel leur consistance ; de plus elles deviennent en grande partie caverneuses, terme
par lequel le commerce entend désigner le vide
qui se forme alors dans leur extérieur.

Les truffes gelées se reconnaîtraient facilement, si on les apercevait avec le givre qui les
entoure généralement ; mais c'est ordinairement ce qu'on a soin d'enlever aussitôt par une
prudence naturelle au marchand. Si la truffe
en tombant à terre résonne, rebondit, elle est
infailliblement gelée : il faut l'ouvrir pour s'en
assurer mieux, et aussitôt en la pressant dans
la main, on verra sortir de nombreuses gouttes
d'eau. Voici à peu près les moyens qui sont employés par les marchands, pour que l'acheteur
ne reconnaisse pas des truffes gelées. On étend
dans une petite chambre à cheminée une quantité de feuilles de papier gris les unes sur les
autres ; on y verse les truffes, qu'on a soin d'é-
tendre ; on laisse l'air de la cheminée libre, et
l'on fait grand feu dans un poêle, que l'on doit

monter au milieu de la pièce. Après deux ou trois heures, on ramasse les truffes pour changer le papier, qui se trouve alors extrêmement mouillé ; après en avoir remis d'autres, on étale, comme la première fois, les truffes dessus ce nouveau papier, et après avoir fait subir deux ou trois heures encore de calorique aux truffes, elles redeviennent positivement à leur état naturel ; nous ne disons pas quant à la bonté, mais du moins quant à l'apparence : seulement si l'on veut y donner une laborieuse attention, on pourra reconnaître celles qui auront passé à ce procédé par de nombreuses gerçures, qui diviseront la surface de la truffe en tous sens.

Les truffes s'échauffent, lorsqu'on en rassemble et qu'on en laisse assez de temps en trop grande quantité renfermée hermétiquement, ou par une chaude température.

Si les ravages de la gelée sur la truffe sont terribles, ceux de l'échauffement le sont bien plus encore. On peut, en employant promptement une truffe gelée, y trouver encore quelque saveur, quelque parfum ; mais la truffe échauffée est désormais corrompue. Elle se hâte de tomber en déconfiture putride ; elle n'a plus de soutien ; la plupart s'entourent d'un gluant empesté, et en général elles gagnent une odeur de putréfaction insupportable, qui les fait repousser avec le plus prompt dégoût. On ne peut donc plus que les mettre au rang des truffes pourries, ou tout au moins des avariées, selon le degré d'échauffement.

Les truffes atteintes du mal de l'échauffement sont, nous le disons cependant, lorsqu'elles ne sont pas toutefois corrompues, bonnes encore quelque temps, selon qu'elles ont plus ou moins souffert ; on les voit encore dures, assez noires, charnues à peu près comme les saines. Voici ce que nous indiquons pour distinguer, autant que possible, cette sorte valétudinaire.

Les échauffées peuvent se reconnaître tout d'abord, en ce qu'elles exhalent une odeur de moisi, qu'il est impossible de leur ôter sans les détériorer ; elles ont sur leur terre et sur leur couverture naturelle une mousse blanche, et en adaptant le doigt sur l'intérieur coupé, il y tient comme à de la glu. Les marchands se servent de plusieurs moyens pour leur ôter cette marque de leur invalidité, mais ils ne peuvent y réussir sans leur nuire considérablement. Ils brossent le dessus de la truffe fortement pour en enlever la mousse, et renouvellent cette opération chaque fois que cette mousse apparaît de nouveau, ce qui arrive souvent plusieurs fois par jour. Nous en avons vu qui les plongeaient dans de l'eau très-fraîche, les en retiraient, les brossaient à sec, et les faisaient sécher quelques heures : ce dernier moyen est celui qui leur réussit le mieux, tout en faisant perdre du poids à la truffe, puisque l'eau enlève la terre. Mais les truffes, que l'on a tourmentées de cette manière, ne peuvent plus guère se conserver ; elles doivent périr en moins de deux jours. Quoi qu'il en soit de l'efficacité du moyen, il ne peut profiter qu'à l'apparence, et dès lors il n'est utile qu'au marchand et non à l'amateur ; car pour la qualité rien ne peut l'empêcher de se perdre, ni rien ne peut réussir à la rappeler.

Les truffes en terre atteintes de quelques autres vices, ensuite celles qui gagnent par nature

quelques infirmités, ne peuvent se conserver à
de bonnes préparations, ni se profiter en aucune manière que ce soit.

Il y a des années que les truffes se trouvent
en plus grande quantité et en meilleure qualité
que les autres années. Les causes et les signes
qui peuvent faire présager que telle année pro-
duira une bonne ou une mauvaise récolte ne
nous sont point connus. Pourtant les habitans
ruraux des contrées où s'exploitent les bonnes
truffes s'accordent à reconnaître que lorsque
le mois d'août est pluvieux, on peut compter
pour l'hiver suivant sur une bonne récolte des
deux façons, et en quantité et en qualité ; et
sur le contraire, lorsque ce mois n'est pas pluvieux. On pourrait encore mettre au nombre
des présages à ce sujet une seconde remarque : c'est qu'il n'est pas arrivé que l'on ait eu
deux années de suite d'abondance, comme non
plus deux années de stérilité. Ainsi, après une
bonne année, on est presque toujours sûr que
la suivante sera mauvaise, et après une mauvaise, que l'on en aura une bonne. Dès lors on
peut compter que l'abondance et la stérilité se
suivent immédiatement d'une année à l'autre,

et règnent chacune à leur tour successivement ;
une année rare, une année abondante, ainsi
de suite. L'année où nous écrivons 1833 à 1834
est une année d'abondance.

DEUXIÈME PARTIE.

EXPLOITATION, COMMERCE.

Aɪɴsɪ que toutes les choses qui ont quelque
valeur supposent exiger de grands et petits
commerçans, de même la truffe constitue une
branche de commerce qui a ses grands spéculateurs et ses petits détaillans.

Cependant cet article est assez restreint ; il
est même pauvre ; il est loin de constituer des
fortunes telles que l'on pourrait le supposer; il
n'est point de marchand de truffes qui ait réa-
lisé de grands capitaux. Tel article, qui par sa
méprisable valeur au détail laisse supposer que
son plus grand commerçant ne peut être qu'un

petit négociant, fort maigrement arrondi , tandis que pourtant il existe tout le contraire , de même et en sens inverse le commerce des truffes, par le prix aristocratique de cet article , semble dans sa vente en gros ne supposer que des millionnaires, tandis qu'hélas ! grand Dieu, quel pitoyable contraste existe seul à cet égard : jamais , règle générale (ce qui veut dire que nous ne rejettons point les exceptions) , un négociant en truffes n'aura l'étoffe de certains marchands d'allumettes , voire même de chiffons.

Depuis un demi-siècle , tout commerce a changé dans la manière de se faire : le commerce des truffes n'a pas été épargné non plus par le mouvement ; il se fait de nos jours d'une manière à laquelle nos devanciers ne verraient goutte ; comme il n'y a aucun intérêt à parler du passé , nous dirons seulement le genre commercial actuel.

Et d'abord se présente à décrire le genre de la place de Paris. Jusqu'en 1823 et 1824 au plus tard les *famoso* de l'article étaient les associés de deux ou trois maisons de commerce de Lyon , qui venaient chaque année, pour la vente de la truffe seulement, hiverner dans un hôtel garni à Paris. Ils s'occupaient, sans trop de peine à cause alors de la concurrence presque nulle qui existait, d'écouler chez tous les détaillans de la capitale les truffes qu'ils recevaient chaque jour du Dauphiné-Provence, après s'être arrêtées dans leur maison de Lyon, et y avoir été recettées et emballées. Ces messieurs arrivaient à Paris dans le courant de novembre, et en repartaient fin de mars ou dans les premiers jours d'avril. Sur la fin de la saison, ils plaçaient des conservées à l'huile et au saindoux, les meilleures préparations que l'on connût alors, et qui insensiblement ont cédé le pas à celle de la vapeur en bouteilles hermétiquement fermées par le procédé de l'invention du célèbre M. Appert, qui cependant ne réussissait pas toujours, méthode depuis tellement perfectionnée qu'on peut la considérer comme sans ressemblance ni rapport aucun avec la méthode originaire, à cause des innovations sans nombre qui y ont été sans cesse apportées.

Ces préparations à l'huile ou au saindoux leur étaient dirigées par la voie du roulage, en petits barils du poids de quinze à cent kilogrammes ; une fois leurs placemens faits, ils pliaient bagage.

Ainsi à eux seuls appartenait en quelque sorte le monopole de l'article : il y avait bien quelques marchands du Perigord ; mais qu'elle disproportion d'importance entre eux ! Il n'est pas besoin de dire que les premiers n'avaient donc qu'à se baisser pour ramasser l'or.

Mais dès 1819 s'était établie à Paris une maison originaire de Lyon, qui frappa au cœur la paisible et fructueuse exploitation de ces messieurs : ils étaient fiers comme la fortune ; ils ne se dérangeaient pas. Cette nouvelle maison, dont les membres étaient jeunes et actifs, explora la capitale en tous sens, alla au devant des placemens et força la préférence à se décider en sa faveur. Deux ou trois campagnes suffirent pour la mettre aussitôt au premier rang.

Alors insensiblement on vit ces associés voyageurs des maisons de Lyon d'abord se remplacer, ensuite mettre de l'interruption dans leur venue, enfin ne plus venir du tout. Du depuis il n'a réellement pas existé, à part cette

maison nouvelle, d'autres véritables commerçans de l'article à Paris; car nous n'appellerons
pas ainsi les nomades spéculateurs que chaque
saison voyait naître et chaque saison voyait périr. Chose étrange, on ne croirait jamais que
cet article n'a spécialement point constitué de
maison, ni n'a apporté par lui seul aucune
fortune à personne.

Le lecteur sans doute s'aperçoit ici que
nous traitons commerce, qu'il n'est question
que de la truffe du Dauphiné ou de celle de la
Provence, lui qui sait par la renommée que
celle du Périgord est la première en mérite et
en qualité. Oui, c'est vrai ; mais il n'en est pas
ainsi dans le commerce : les exploitations du
Périgord sont à celles du Dauphiné-Provence,
ce qu'un nain est à un géant. Du reste six départemens seulement donnent celles de première classe, tandis que neuf donnent celles
de la seconde ; indépendamment cette dernière
en est plus abondamment pourvue.

Cette explication donnée pour l'intelligence
du lecteur, nous poursuivons de faire l'histoire
de cette nouvelle maison à partir de 1825,
époque à laquelle son personnel et ses bases

opératrices furent reconstituées, parce que nous ne pouvons mieux décrire la haute exploitation de l'article à Paris qu'en rendant compte purement et simplement de ses travaux.

Son siége était donc à Paris : elle se composait d'un seul chef et de trois membres principaux, ses mandataires spéciaux ; ce qui n'excluait pas les commis, garçon de magasin, etc. Un peu avant l'ouverture de la saison, un membre partait explorer le Dauphiné et la Provence, un autre le Périgord ; mais cette dernière contrée, non point toutes les années, seulement lors des grandes abondances de certaines saisons.

Ce membre explorateur arrivé sur les lieux de production prenait son quartier général, c'est-à-dire sa résidence positive, dans une commune d'un juste milieu de distance entre tous les lieux de production, mais indispensablement placée sur la grande route de Paris. Son installation faite, il explorait et faisait explorer tous les cantons à truffes : l'argent à la main, il achetait lui-même, ou faisait acheter par les délégués, dont il s'assistait parfois, des paysans eux-mêmes leurs truffes ; ce qui ne l'empêchait pas de traiter des grands achats sur les divers marchés qui se tiennent de l'article dans différentes villes et villages, dont nous parlerons tout à l'heure. Ensuite il dirigeait toutes ces truffes achetées sur la ville la plus proche de la grande route, selon les lieux ou les achats avaient été faits ; là les truffes étaient mises en paniers, chargées aussitôt sur la malle-poste, quelquefois les diligences directement pour Paris.

Le voyageur se rendait de temps en temps dans le lieu de son quartier général pour y prendre ses lettres ; car c'était là où toutes les instructions de Paris lui étaient adressées, ainsi que les capitaux dont il avait besoin : c'était par des mandats du trésor royal alors, maintenant trésor public, sur les receveurs des différens départemens de la province où il exploitait les truffes, que les envois de fonds lui étaient faits. Quelquefois et dans de longues tournées pour ne point être trop de temps sans instruction, il faisait de son quartier général renvoyer sa correspondance où il se trouvait ; car il est bon de dire que l'exploitation de cette branche d'industrie exige la plus grande activité et le plus grand qui - vive : chaque jour, chaque heure même il survient de variations; on a vu souvent le cours être le matin, par exemple, de trois francs la livre , le soir l'être de cinq toujours en prix de commerce ; ainsi chaque jour Paris mettait à son délégué explorateur une lettre à la poste.

Voici comment à l'époque en rendait compte le *Journal du Commerce*, du 1er février 1826 , en y prêtant une plaisante allusion sur la politique d'alors :

« Un nouveau genre d'accaparement s'exerce
« en ce moment dans les départemens des
« Bouches-du-Rhône, Vaucluse, et autres cir-
« convoisins. Depuis plus d'un mois, on voit
« rôder dans toutes les villes et villages un
« commissionnaire chargé, dit-il, d'acheter
« des truffes pour le compte d'une maison de
« commerce. Il n'est pas de si humble hameau
« qui n'ait subi une visite, et n'ait fourni son
« contingent. Un tel empressement excitait la
« curiosité, et les amateurs de truffes alarmés
« cherchaient à découvrir le nom du gour-
« mand spéculateur , lorsque le mode de paie-
« ment employé par le commissionnaire est

« venu épargner de plus longues recherches.
« C'est avec les mandats du trésor sur les
« receveurs particuliers que les truffes sont
« payées : il n'en n'a pas fallu davantage pour
« faire reconnaître que la maison de com-
« merce en question est composée de sept as-
« sociés, et pour faire comprendre pourquoi
« plusieurs 'chargemens ont été expédiés de
« manière à arriver à Paris avant le 31
« janvier. »

Dans les momens de répit, les délégués explorateurs s'occupaient de fabriquer des conserves de l'article en toutes espèces de préparations, soit en bouteilles, à l'huile, ou au
saindoux, et à celle dite au vin ; cette dernière
préparation, toute exceptionnelle, toute particulière, inventée par la maison dont nous
parlons, toutefois imitée par divers contrefac-
teurs envieux. Les quantités qu'elle en fit fabriquer sont immenses. C'était par barriques de
cinq cents kilogrammes qu'elle s'expédiait à Paris. Un printemps, époque de la vente des conserves, en a surpris quinze de ces tonneaux dans
les magasins de la maison de Paris, qui avait en
outre d'autres qualités résultant des conserves

à diverses autres préparations. Tout cela s'est à peu près vendu dans le cours de l'été, et l'automne a fait magasin net.

Enfin le printemps arrivé, le délégué explorateur, sur l'ordre qui lui en était donné, rentrait à Paris.

Dans cette ville on s'occupait des actifs placemens journaliers des truffes fraîches, reçues chaque jour le matin par la malle-poste et par les messageries; des expéditions aux commettans ou pratiques des villes du nord, de l'est et de l'ouest de la France, de l'Angleterre, de l'Allemagne, de la Hollande, de la Prusse et de la Russie; enfin de la correspondance, partie non moins à négliger. Chaque jour de la saison voyait renouveler cette active besogne, qui commençait le matin avec le jour et finissait le soir à l'arrivée de la nuit.

Les ventes sur place se faisaient presque toutes au comptant; néanmoins les grandes maisons de détail avaient leur compte courant.

A Paris l'on faisait aussi des conserves, mais en petite quantité, et seulement lorsque l'article était à vil prix sur la place et pour se sauver le plus de pertes possibles; parce que même, à

un cours de moyenne élévation, il ne s'y serait
point trouvé d'économie, attendu les frais énormes du transport et des déchets. Confection-
nant sur les lieux, on ne faisait voyager alors
que le net conservé, et à bien meilleur marché
du prix de transport, parce que la voie qu'on
employait pour les conserves était le roulage,
au lieu d'être la malle-poste, qu'on employait
pour le transport des fraîches.

La saison des truffes fraîches éteinte par
l'arrivée du mois d'avril, ce mois se passait à
faire les placemens principaux des truffes conservées, qui pourtant se continuait tout l'été,
mais diminuait insensiblement à mesure que
l'on avançait dans la chaleur, et qui ne reprenait
sensiblement qu'au commencement de septembre. Le mois d'avril voyait faire l'inven-
taire, régler et clore tous les comptes courans.

L'été, la besogne en l'article était peu de
chose, et permettait de se consacrer en même
temps à d'autres spéculations. Il ne s'agissait,
dans la partie des truffes, que d'écouler les
conserves, de solder et faire solder les comptes
courans au dedans et au dehors, et de visiter
les cliens acheteurs des départemens, ceux de

la partie de l'Allemagne et de la Belgique la plus rapprochée, ainsi que ceux du midi de l'Angleterre, soit pour réglemens, soit pour placemens des conserves, soit enfin pour s'assurer des ordres des cliens de ces contrées en truffes fraîches pour la saison prochaine.

Tour à tour et indifféremment, chacun des membres voyageait : cependant pour ne point faire deux fois une école toujours préjudiciable, celui à qui le premier le hasard et les circonstances avaient décerné le voyage de tel pays, y était de préférence renvoyé ; à moins qu'au moment de se mettre en route, des circonstances particulières exigeassent sa présence, soit à Paris, soit en tout autre lieu.

L'automne venait, les voyages pour les ventes étaient terminés : on achevait de vendre à Paris les conserves, dont la vente devenait active comme au printemps, et nous en expliquons ainsi les causes : au printemps on fait sa provision pour ce que l'on aura à peu près besoin pendant le cours de l'été ; et à l'automne, que la consommation redevient plus vive par la réapparition des truffes fraîches, on achète des conservées pour livrer au public des truffes

noires ; car, comme on le sait, les truffes pri-
meurs sont blanches, et l'amateur qui en veut
manger, malgré son désir, s'il les voyait blanches dans les objets où elles sont employées,
les rejetterait bien vite. On le trompe donc par
nécessité. Qu'à cette occasion tout le monde
sache que toute truffe noire, mangée avant décembre, n'est qu'une truffe conservée. Enfin
la maison recommençait ses exploitations en
truffes fraîches comme à la saison précédente.

Voici le tableau des quantités de truffes tant
fraîches que conservées, que cette maison a
exploitées :

Saisons.	Truffes fraîches.	Truffes conservées à diverses préparations.
1825 à 1826.	kil. 15,558.	kil. 3,847
1826 à 1827.	» 13,725.	» 5,525
1827 à 1828.	» 17,223.	» 9,608
1828 à 1829.	» 14,349.	» 4,116
1829 à 1830.	» 13,570.	» 3,980

Voilà, nous le pensons, la plus ample description que nous puissions donner au public
sur le haut commerce, sur la grande exploitation de l'article. Non seulement aucune maison
concurrente n'a dépassé celle dont nous venons
de parler, mais point ne l'ont même rivalisée.

D'ailleurs aucune ne travaillait ainsi, aucune n'était placée comme elle pour opérer de toute première main.

Ainsi que l'on peut le concevoir facilement, la maison en question faisait beaucoup de frais ; voyages longs et fréquens, frais de transport, de correspondance, de location, d'employés, de confection, faux frais de toutes sortes, etc. tout cela faisait un capital important. Pourtant elle n'en a pas moins gagné net des sommes assez considérables, mais cependant point en proportion de l'importance de ses opérations : tant il est vrai que ce commerce (qui, à proprement parler, n'en est pas un, puisqu'il n'occupe pas la moitié de l'année, et que dès lors on ne peut pas être spécialement que marchand de truffes) est ingrat. Cette maison a cessé d'exister à la révolution de juillet, époque et circonstance par lesquelles les membres se sont divisés et ont embrassé chacun une carrière différente.

Indépendamment de tous les commerçans en gros de l'article à Paris, il y a les courriers

et les conducteurs qui en trafiquent ; mais
hâtons-nous de le dire, ils n'apportent jamais
que de la vilaine et mauvaise marchandise,
qui ne fait que doublement du tort à ce commerce, en ce que leur marchandise n'a point
supporté de frais de transport ; car ils apportent les truffes en contrebande, c'est-à-dire en
cachette de leur administration, qui la plupart du temps le leur défend toujours, mais
en vain. C'est vraiment un dol, dont les commerçans qui font travailler les administrations
de messageries ont le droit de se plaindre.
Comme ces courriers et conducteurs ne connaissent absolument rien aux truffes, ils sont
toujours trompés, quand ils achètent en effet
sur les lieux. A-t-on quelque sorte, quelque
partie équivoque, défectueuse, les marchands
se disent : les courriers et les conducteurs nous
débarrasserons de cela. Combien de fois n'ar-
rive-t-il pas que sur les lieux, après avoir fait
choix d'une partie de truffes que l'on met en
panier à l'expédition, on emballe et glisse à ces
messieurs un panier composé seulement de
toutes les truffes d'écart qui viennent d'être
triées, et ils prennent cela sans y regarder !

Du reste, à quoi cela leur servirait-il? La plupart boivent des bouillons à les en dégoûter pour toujours; mais toujours il en vient de nouveaux qui y remordent.

Il y a aussi une autre injustice que les administrateurs des courriers tolèrent ou ignorent; c'est le commerce que se permettent de faire sur la place les employés, dont l'unique salaire qui les fait vivre leur est accordé par le commerce des truffes, qui leur alloue une commission sur chaque colis de truffes qu'ils rendent aux marchands. Par exemple, les commissionnaires des courriers, ceux qui sont employés au chargement et déchargement des malles-postes, on leur laisse percevoir soixante quinze centimes sur chaque panier qui arrive; ils appellent cela leur droit de factage. Il est incontestable que les mêmes gens, indépendamment de leur besogne, commercent sur les truffes, commettent envers les véritables marchands une lèse-convenance, une lèse-loyauté, une ingratitude même. Nous disons hardiment que ces spéculateurs éphémères ne sont jamais en possibilité, en lumière, de livrer de la bonne marchandise aux consommateurs.

Maintenant parlons du commerce au détail.

D'abord, en premier viennent pour revendeurs ces pompeux et élégans marchands de comestibles, après eux les restaurateurs de premier et second ordre, les charcutiers, quelques épiciers, les grands marchands de volaille et ceux de fruits, et quantité de revendeurs de toute espèce de denrées mangeables, etc. Tous ces gens-là, nous le disons sans crainte d'être justement démentis, ne connaissent rien aux truffes; quand ils achètent des truffes, ils ne voient que les qualités et les perfections marchandes; c'est-à-dire que de grosses truffes rondes, n'ayant à leur alentour que fort peu de terre, fussent-elles de la plus pitoyable qualité, n'en obtiendraient pas moins leur préférence sur les meilleures truffes. S'ils ont tort, pour être entièrement franc, nous dirons que la faute n'est pas précisément à eux, mais bien à la masse des consommateurs sans connaissances, qui les tient intéressés à ne pas faire différemment. Pourquoi aussi dans cet article, comme dans tous les autres, est-on plutôt séduit et déterminé par l'apparence et l'extérieur que par les qualités réelles?

6

A l'exception de fort peu du nombre des marchands dont nous venons de parler, les autres
se pourvoient de l'article sur la place ; un très-
petit nombre les reçoit directement des lieux
de production par les envois qui leur en sont
faits par le spéculateur du pays, gens pour la
plupart point consciencieux, et dont il est bon
de vérifier avec attention la marchandise avant
de s'en livrer. Cependant ce que les marchands
de Paris tirent directement est toujours fort peu
de chose, et ils en reviennent fort souvent à ne
se pourvoir que sur la place de Paris, parce que
le genre tout positif de leur industrie les fait
vite se rebuter, dès une toute première perte
que présente à chaque instant les variations in-
finies et toujours imprévoyables de l'article,
comme aussi ses nombreux déchets par telle
température à laquelle l'emballage ne sera nullement approprié. Il arrive donc qu'ils se dé-
couragent et décommandent leurs ordres, alors
même qu'il faudrait les réitérer, attendu qu'à
l'échéance des délais d'aller et de retour, l'article aura tout à coup augmenté, ce qu'il n'ont
pu pressentir ni prévoir. Toutefois disons-le
aussi, comme la truffe n'est point leur article

exclusif, ils ne peuvent lui donner que sa part de soin et d'attention qu'ils donnent à chacun des articles de leur commerce en général.

Ainsi, règle générale, le détaillant, celui qui tient établissement sur la voie publique, achète à Paris.

A l'exception de deux ou trois vieux magasins de comestibles, tous les autres sont sans importance : combien en voit-on se créer et se fermer presque aussitôt, et n'avoir ainsi qu'une existence éphémère, pareille à celle de ces spéculateurs truffiers ! En général, c'est dans les établissemens de ce genre de commerce que le consommateur semble être appelé à se pourvoir de la truffe, quoique les marchands de comestibles la vendent très-cher; et ils ne peuvent faire différemment en effet, par la connaissance que nous avons des frais que coûtent de pareils établissemens, loyers d'un prix monstrueux, parce qu'on ne peut s'établir que dans un riche quartier, patente aux centimes proportionnels, décor, éclairage, garçons, dépérissement de la moitié ou des trois quarts de toutes leurs denrées fraîches. Pour faire face à tout cela, s'ils ne vendaient pas dix francs ce qui ne leur en a coûté que cinq, ils ne pourraient pas marcher. L'existence d'un magasin de comestibles est néanmoins un mystère pour nous, malgré le haut prix auquel il débite ses marchandises; nous ne pouvons pas même nous rendre compte des possibilités qui lui font joindre les deux bouts.

L'industrie du marchand de comestibles est du reste une industrie perdue : il y a longtemps qu'elle a atteint le faîte de sa gloire ; elle n'aspire qu'à descendre. Sapée de toutes parts, ébranlée sur tout ce qui la soutenait, attaquée par toutes les autres industries mangeantes, elle doit s'éclipser un jour ; et qui serait assez aveugle pour le nier ou se faire illusion un seul instant sur le contraire ? Voyez les charcutiers autrefois dans des boutiques puantes se tenir au débit de la viande du porc, quelle qualité bonne ou mauvaise qu'ils aient pu lui donner, n'importe ; ils bornaient là leur commerce. N'achetant jamais de truffes, dont l'existence était même ignorée de la plupart, les superbes du métier débitaient seulement dans leurs marchandises des truffes molles, des rebuts qu'on leur vendait au tas, et cela ne remonte pas à plus de dix ans. Aujourd'hui la boutique suintante de graisse et de sang a disparu : ce n'est plus que dorures, marbres, glaces, cuivre, tentures au délicieux pinceau ; il n'y manque que le diamant et les pierreries pour réaliser une description fantastique ou un décor oriental, en place de ces boudins, saucissons et jambons grossièrement faits, qui repoussaient plutôt l'œil qu'ils ne l'attiraient. Sur leur devanture on voit maintenant la dinde truffée, les pâtés de Strasbourg, les gâteaux de Pithiviers, les terrines de Nérac, et un énorme panier de truffes ; et pour seule suscription écrite au-dessus de leur boutique, cette enseigne dont les termes sont suggérés par un orgueil d'ignare parvenu : *Maison un tel*, entendant sans doute assimiler leur commerce de charcutier aux opérations de tel et tel du plus haut négoce, mais franchissant hardiment sur la modestie ; car quel est le négociant, du plus grand étage même, qui jamais oserait étiqueter ostensiblement ainsi sa maison.

Voyez les épiciers : n'ont-ils pas les charcute-

ries de Lyon et de Strasbourg, les bougies de
luxe, les fruits du midi, les vins fins et les liqueurs délicieuses? Voyez les gros marchands
de volailles : n'ont-ils pas le saumon, le bœuf
fumé, le chevreuil frais et mariné, les hures
de sanglier, les chou-croûtes, etc., enfin également à côté de tout cela l'énorme corbeille de
truffes obligée? N'en est-il pas de même de
certains marchands de vins fins, de certains
pâtissiers, de quelques confiseurs, etc. ?

Vous le voyez, lecteurs : si ces faits n'ont
point encore frappé votre attention, daignez
le vérifier, et certes vous jugerez comme nous;
vous direz l'existence d'un magasin de comestibles, proprement dit, est une chose désormais
impossible.

Il en est ainsi de tout dans ce monde : de
même que les empires ont eu ou doivent avoir
leur époque de gloire, l'apogée de leur splen-
deur et ensuite leur décadence, de même les
industries ont leur temps de prospérité et de
défaite. Du moment, c'est l'ère brillante des
charcutiers. Si le siècle a marché, c'est bien
pour eux; et le degré de richesse auquel cet état
peut élever son homme est si haut, que vrai-

ment on en reste tout ébahi, incrédule presque; quoi qu'il en soit, ils sont riches, riches comme Crésus. Un pauvre diable, dont l'unique industrie, pour manger du pain, consiste à assister pour le misérable salaire d'un franc l'huissier qui va mettre sous la main de la justice les meubles d'un débiteur, nous disait : Je suis allé saisir chez bien du monde en ma vie (j'ai soixante-treize ans), chez le prince, chez la courtisane, chez l'artiste, chez les commerçans de tous genres, petits et grands, mais jamais chez un charcutier. Ah! s'il est permis à quelqu'un de narguer les huissiers et les abreuver de ce mépris et de ces injures qu'ils reçoivent le plus souvent à si pleines mains, c'est bien au charcutier; il peut hardiment dire : je me moque de ces gens-là; ils ne prévaudront point contre moi.

Et leurs enfans : Dieu garde qu'ils apprennent le métier de leur père! On leur donne une éducation conforme aux sommes que possède le papa : l'un étudie le droit, l'autre la médecine; celui-là est élevé à Saint-Cyr; celui-ci est à l'Ecole polytechnique. Fi donc de l'état du père! Sans lui cependant on ne serait qu'un jeune homme pauvre , bien commun , bien ignare , bien grossier ; mais n'importe , cela ne fait rien : comme , malgré notre goût pour l'égalité , il est de principe que l'on doive rougir du métier de son père, quand il est commun , ou ne sera pas charcutier ; c'est bien mieux et plus comme il faut d'être un médecin sans pratique , un avocat sans cause , ou un officier sans mérite transcendant, parce que l'on n'a pas le talent, ni que l'on n'a pas travaillé avec assez de fruits pour se faire remarquer , ni s'élever dans ces professions où la supériorité seule donne un nom et des bénéfices. Après avoir perdu son temps, on sera obligé de revenir manger la fortune que l'état de charcutier a constitué au papa , et qu'il ne tenait qu'à soi d'augmenter ; mais il fallait être charcutier.

Et les demoiselles de ces messieurs : il y a des dots , des dots de riches princesses , ma foi ! Aussi pour mari, dit plus d'un gras charcutier, je ne veux à ma fille qu'un notaire , qu'un avoué , qu'un greffier , et de Paris encore. Dès que la demoiselle a ses quinze ou seize ans, elle ne découpe plus que rarement et seulement pour se distraire, dans le comptoir de charcu-

terie du papa, le lard à la cuisinière canca-
neuse, ne débite plus au gros et réjoui maçon,
à l'heure de deux heures, la côtelette panée ou
le morceau de boudin, ni à l'insolent men-
diant, parce qu'il paie, le paquet de couenne de
deux sous. Elle se donne aux arts d'agrément;
on a et maître de danse, et de musique, et de
dessin. Et la grosse maman, qui par la même
occasion s'essaie au forté-piano, étudie et
cherche à gagner les airs de la bonne société.
C'est un contraste bien comique de voir ces
dames et le papa, qui en dépit de la fortune
est toujours le même et ne veut point des airs
comme il faut. Toujours sans gilet, ni veste ni
habit, les manches de la chemise retroussée
jusqu'aux aisselles, tout le corps enveloppé de
sales et grasses serviettes, un tablier attaché au
bas de son gros ventre, un torchon sous le bras;
il circule ainsi sur la voie publique, va à la
halle, fait les affaires. La fille est fiancée avec
un notaire; le fils fait son droit, et la mère étudie la coquetterie.

Tous les états dont nous venons de parler,
à part celui de marchand de commestibles, ont
sur ce dernier un avantage marqué; c'est qu'ils

se donnent insensiblement à la vente des denrées dont ils ont le débit le plus courant et
le plus assuré. Le genre de leur vente, que la
chance leur fait prendre, les fait se tenir au trafic d'une sorte de comestible seulement; ce qui
les affranchit des pertes immenses que fait le
marchand de comestibles proprement dit, sur
toutes les denrées en général qu'il est obligé
de tenir par assortiment, et parce qu'il serait
ridicule et onéreux à son établissement de renvoyer au dépourvu l'acheteur qui se présente
pour empletter cette denrée.

La classe des hauts restaurateurs, considérée
comme détaillante de truffes, ne livre l'article
qu'apprêté aux différentes préparations culinaires. Ce genre de débit semblerait faire croire
qu'en cette classe de détaillans nous devons
rencontrer science et lumière sur l'article; mais
non, rien que la même ignorance, les mêmes
erreurs, et la même tendance à donner la préférence non à la qualité, mais aux perfections
extérieures. Si un restaurateur, qu'il ne faut pas
prendre au moins ni confondre avec un cuisi-

nier professeur ès-arts, avait de l'instruction,
et était tant soit peu lettré, nous pensons qu'il
ferait faire à l'art culinaire de grands progrès,
de grands perfectionnemens, parce qu'à l'étude
de la cuisine il ferait profiter les observations
et les redressemens que le public fait toujours
avec juste raison sur les imperfections dont il
s'aperçoit. En général, ce sont des industriels
très - communs et très - ignorans, et n'ayant
d'autre esprit que celui de savoir faire leurs affaires, qui est le meilleur toutefois. Mais à l'extérieur, nous trouvons dans eux une morgue,
une fierté sotte et risible, de grands airs, lorsqu'on les aborde, un ton et une pose de ministre, ne répondant que par monosyllabes et
par de bonnes raisons. Nous avons dit qu'un
restaurateur n'était pourvu que de l'instruction
la plus ordinaire. Tel grand restaurateur s'est
vu, de la pauvreté la plus grande, élevé par la
fortune à la qualité de chef de maison, et ces
exemples fourmillent à Paris. C'est un des caprices de la fortune de cette ville : ainsi un
extérieur agréable, quelquefois distingué ; une
mise recherchée, même élégante ; une attitude
qu'envierait plus d'un président d'assemblée ;

la serviette sous le bras, ayant plutôt l'air de traiter le public que de gagner sa vie sur la nourriture qu'il lui vend, recouvrent toujours l'origine la plus commune, et la plus maigre instruction. Ceux qui savent lire et écrire sans faire trop de faute contre la grammaire sont d'un rare extrême. Voici, à quelques variantes près, l'histoire d'une bonne partie de ces messieurs. A la porte d'un café-restaurant du faubourg Saint-Germain se tenait un petit décroteur; un jour on eut besoin d'un aide ou baquet, c'est-à-dire d'un laveur de vaisselle; on le fit entrer à cet effet dans le laboratoire. Le petit bonhomme prit goût au métier; insensiblement il monta en grade; enfin, pour être bref et ne point trop sortir de notre cadre, disons vite qu'il finit par devenir propriétaire de ce même établissement, qu'il s'y maria fort bien, dota très-bien tous ses enfans, et laissa encore à sa veuve la jouissance d'une énorme usufruit. Nous tenons cette histoire de son fils même, qui n'en fait aucun mystère.

Et les femmes de messieurs les restaurateurs! elles sont de bonnes familles, et apportent beaucoup d'argent en mariage; aussi ces dames, qui par leur naissance ont l'éducation qui manque à leurs maris, sont bien plus coupables et ridicules de prendre très-vite leurs airs suffisans et de sotte vanité. Qu'il est détestable ce ton de grandeur qu'elles affectent dans leurs poses et leurs réponses, surtout avec leurs fournisseurs ! Elles sont inabordables : mieux est facile d'approcher le souverain. Dans leur toilette toujours de la plus grande coquetterie, du haut de leur trône-comptoir elles distribuent les ordres de leurs maisons, sans jamais porter leurs regards sur ceux à qui elles les adressent. Si ce sont des airs de grande dame qu'elles prétendent pratiquer, en cela, donnons-leur le charitable avis qu'elles se trompent, et rassurons en même temps la susceptibilité des véritables grandes dames ; en toute chose, il y a loin de leur excellent ton et de leurs airs de supériorité, mais toujours poli et gracieux, aux affectations des dames de comptoir des restaurateurs de Paris.

Pourquoi notre titre exclurait-il ces petites digressions, en quelque sorte étrangères à notre sujet, que nous nous permettons de faire au passage ? Nous pensons que tout écrivain, selon l'occasion, peut peindre la société, et nos petits tableaux pourront porter quelques fruits. Qui sait ? Ils pourront peut-être faire au moins que mille gens n'exalteront pas, si aveuglément qu'ils le font, l'étoffe d'un restaurateur ; on restera dans le vrai.

Mais retournons à nos moutons.

Il nous faut encore décrire un autre genre de débitans de truffes, pour compléter la description des détaillans de l'article à Paris. Depuis quelques années il s'est établi des revendeurs, qui se servent de la voie des journaux politiques pour s'attirer les acheteurs, en faisant dans ces journaux insérer des annonces, sous des titres pompeux, de divers comestibles, dans le nombre desquels la truffe est toujours mise au premier rang, qu'ils déclarent être à même de livrer de toute première main au public. C'est principalement dans la Gazette, les Débats et la Quotidenne, tous journaux répandus dans la classe à vieux blasons, que ces annonces sont faites. Ils offrent des truffes du Périgord aux vrais amateurs, *et garanties*, à des prix au-dessous du cours. Ils sont logés dans une échoppe assez peu propre, dans un quartier écarté des halles; sont des marchands autrefois de marchandises diversifiées à l'infini; ont une énonciation brève, accentuée et inconvenante; sont familiers avec le commerce des truffes, comme avec celui de la pêche de la baleine et autres; enfin livrent avec beaucoup de zèle et force protestations, à l'innocente et trop confiante pratique, *des truffes en tout ce qu'il y a de mieux*. Leurs achats consistent à débarrasser à très-bas prix les marchands en gros de leurs truffes vilaines, d'écart, biscornues et de rebut.

En général, toutes les productions mengeables s'exportent peu de Paris; tout ce qui y vient, c'est pour y être consommé. Bien peu de marchandise qui a pris séjour et emmagasinage à Paris en est réexporté. Tout ce qui est destiné pour le dehors n'y passe qu'en transit selon la route. Les truffes n'étant point exceptées de ce mode général, on n'en réexpédie donc de Paris pour le dehors que fort peu.

La seconde place du commerce truffier est
sans contredit la ville de Lyon : nous ne nous dé-
fendrions point trop qu'elle ne fût la première,
à cause des quantités innombrables qui y arrivent en passage, étant pour des distinations
plus éloignées. Toutes les quantités de truffes
explorées dans le Dauphiné et la Provence
passent à Lyon ; il n'y reste que ce qu'il faut
pour la consommation de la ville ; tout le reste
en est réexporté.

A Lyon on compte quatre commerçans en
gros de l'article ; ils vendent en ville, et font
des expéditions au dehors, notamment en
Franche-Comté, en Alsace, en Allemagne et
en Suisse. Ce sont eux qui fournissent à la consommation de Strasbourg, qui est fort considérable à cause de l'emploi qu'en font les fabricans de pâtés de foies d'oies de cette ville.

A Lyon on ne connaît point les truffes du
Périgord ; toutes celles qui paraissent dans
cette ville ne proviennent que du Dauphiné et
de la Provence.

Sur cette place, l'article n'y est point sujet
comme à Paris aux variations subites et ca-
pricieuses de prix qui valent tant de pertes,

comme aussi tant de bénéfices inattendus. Le
cours du prix est toujours à Lyon assez sta-
gnant : il ne varie que de vingt-cinq à cinquante centimes journalièrement et même heb-
domadairement, et la hausse et la baisse n'arrivent qu'avec le temps et par gradation, jamais
subitement et d'un jour à l'autre comme à Paris.

L'or n'est pas mieux prisé par les marchands
de Lyon que leur marchandise : jamais ils ne
laissent mettre la main d'un acheteur à un
panier de truffes ; ce n'est pas cet abandon,
cette complaisance, ce désir d'être agréable du
négociant parisien. Vous ne pouvez rien choisir, rien rebuter; ce sont eux qui vous servent et qui vous donnent les truffes qu'ils veulent : cette manière de faire, qu'ils ont tous, fait
que vous êtes obligé d'en passer, sur le choix de
la marchandise bonne ou mauvaise, petite ou
grosse, par où il leur plaît, une fois le prix arrêté, si vous voulez acheter, parce qu'un confrère ne vous traiterait pas mieux. Ils poussent
la parcimonie jusqu'à vous faire payer, nous
parlons d'un achat en gros, une fraction d'un
quart de livre, même de deux ou d'une seule
once.

Ce que nous venons d'expliquer dans cet alinéa s'applique à tous les lieux autres que la place de Paris.

Lyon, quoique ville riche, grande et fort peuplée, n'a point de ces brillans marchands de comestibles, à l'instar de ceux de Paris, que l'on voit dans des villes moins importantes, telles que Rouen, Lille et autres. A Lyon les truffes au détail s'achètent chez ces marchands en gros et chez une infinité de revendeurs de denrées installés dans des établissemens plus ou moins simples et propres.

Les truffes dans les momens d'abondance se colportent et se crient dans les rues de Lyon : ce sont des montagnards dauphinois qui y exercent cette sorte d'industrie ; on les appelle *Bisques*. Les Lyonnais n'appellent pas les truffes, truffes tout court ; ils y adjoignent l'adjectif noir. Ils disent constamment *des truffes noires*, pour dénommer ce tubercule.

Paris pour les commerçans en gros de Lyon a toujours été un écueil. Tous ceux qui ont voulu y venir tenir la saison ont toujours eu à s'en repentir. Rarement on en a vu venir de suite et persévérer plus de deux ou trois campagnes. La raison en est facile à concevoir : pour faire ses affaires à Paris, il faut pour premier moyen être complaisant et honnête, et le marchand lyonnais n'a pas une forte dose de ces qualités. Ensuite ils sont trop positifs, trop classiques ; ce genre de commerce est en quelque sorte à Paris tout romantique, tout fantastique. Ses instans de calme profond, pendant lesquels on offrirait ses truffes à dix sous la livre, qu'on n'en vendrait pas davantage pour cela ; ses instans de demandes considérables, où la cherté monstrueuse et l'exigence cupide du vendeur ne font qu'irriter le désir du consommateur ; tout cela à saisir, à s'y façonner, à s'y identifier, est un travail qui a toujours rebuté les marchands lyonnais.

A Lyon, pour conserves il n'y a que les truffes à l'huile et au saindoux ; on y connaît fort peu les bouteilles. Cette place semble faire tous ses efforts pour repousser cette sorte de préparation : on dirait qu'elle chagrine ses commerçans ; c'est bien à leur plus grand regret, lorsque pour satisfaire à des ordres, ils se plient à en trafiquer. Toutefois en cette préparation ils ne font rien de bien.

Les consommateurs lyonnais sont des profanes, qui mangent la truffe avec insouciance et sans s'apercevoir, sans se douter de ses précieuses saveurs et qualités : ils sont loin d'être appelés à savourer les propriétés gourmandes, si diversifiées, dont la truffe est pourvue avec tant d'abondance, avec tant de luxe.

Marseille, à cause de tous les lieux circonvoisins de production, voit abonder les truffes à bon compte sur sa place : il s'y fait une prodigieuse exploitation de l'article, mais presque toutes en truffes conservées ; les fraîches y sont de mauvaise espèce marchande, ce qui veut dire seulement qu'elles n'ont point de décor pour la vente : elles sont généralement de forme la moins régulière de toutes les autres truffes.

Les truffes sont apportées à Marseille à dos de mulets par des extracteurs des différens cantons environnans, et encore de quelques-uns fort éloignés même. Les principaux approvisionneurs viennent des villages de Ginasservis et de Laverdière, dans le département du

Var. A Marseille on a les truffes de la Sainte-
Baume, village où l'on assure, d'après une
vieille tradition, que la sainte Madeleine est
venue pleurer abondamment.

Tous les apporteurs de truffes descendent
dans la même auberge, et c'est dans les remises
que se tient le marché. Les acheteurs de la ville
s'y rendent le jour de leur arrivée, les débarrasser de leur marchandise.

Nous venons de dire que peu de truffes
fraîches étaient expédiées au nord de Marseille,
ce qui fait qu'il y a en cette ville fort peu ou
point de commerçans expéditeurs; généralement
ceux qui essaient de ce trafic l'abandonnent
presque aussitôt. Nous sommes à avoir remarqué
un commerçant qui ait opéré plusieurs années de
suite. Nous n'en avons jamais vu un seul acquérir une constitution commerciale d'un
caractère tant soit peu important.

Les truffes au détail sont vendues à Marseille
par divers marchands de comestibles et de
denrées.

Les fabricans de salaisons, appelés saleurs *

* On appelle saleurs, à Marseille, les commerçans in-

à Marseille, sont en possession du commerce de la confection des truffes à toutes préparations ; ils en font des ventes considérables pour les exportations d'outremer. Toutes ces préparations marseillaises, et qui seront décrites dans notre troisième partie, n'ont rien de soigné, rien de parfait. Les opérateurs tiennent fort peu à se conformer aux exigences de l'art : on travaille en masse, à la grosse ; c'est tout mercantilleur ; on est, disons-nous, bien loin de briguer les éloges du connaisseur ; on n'y tient même pas du tout.

Le consommateur marseillais est encore plus épais, plus bouché que celui de Lyon. C'est un être sans sensitive aucune pour les truffes : il ne se doute, ne s'aperçoit pas plus de son arome, de ses essences et de ses propriétés gourmandes que le Tartare du pôle.

En raison de son importance dans le commerce des truffes, la place de Carpentras vient

dustriels qui préparent et revendent diverses denrées conservées au sel, comme par exemple, les anchois, les olives, le thon salé et à l'huile, etc.

à la suite des villes dont nous venons de faire le tableau commercial. Il se tient en cette ville un marché considérable de l'article, approvisionné par des paysans qui y apportent les quantités de truffes de tous les alentours; il existe entre quelques-uns de vieilles et durables associations pour l'exploitation du tubercule. Chaque société, qui s'appelle *Bande*, est désignée par le nom du principal associé. On dit *la bande Paul*, *la bande Jean*, etc. Les truffes sont appelées par les paysans provençaux et par ceux du bas Dauphiné *Rabasses*, et les individus qui en trafiquent *Rabastins*.

A Apt, dans le département de Vaucluse, il y a des paysans grands spéculateurs, et un marché de truffes.

Aix n'a point de marché de truffes, mais est abondamment pourvu par les quantités qui regorgent de Carpentras et d'Apt. Les muletiers ginasserviens, se rendant à Marseille, passent d'abord à Aix, et vendent déjà en cette ville, toutes les fois qu'ils y trouvent des amateurs d'assez fortes quantités. Aix se pourvoit encore à divers petits marchés environnans, tels que Cadenet, Pertuis, etc. On a à Aix les truffes de

Rogne, village peu éloigné de cette ville ; la truffe en est fort belle et d'un terrain tout blanc. A Aix il y a de vieux rabastins, tous larrons, renards et sans conscience ; cette ville, par sa position géographique, est heureusement située pour y faire des envois au nord. Aix est très-commodément placé pour y établir un quartier général, nécessaire aux explorations en grand de l'article.

Avignon est de même tout aussi bien placé qu'Aix : aussi les truffes y abondent-elles également, et de cette ville y fait-on aussi de grandes exportations. D'Avignon on se rend facilement à tous les marchés, même à ceux de l'autre côté du Rhône ; et pour y travailler aux confections de truffes conservées, ces grandes villes offrent des aisances et des commodités que l'on chercherait vainement dans un village à truffes, sans être placé moins approximativement. Aussi comme le commerce a ri, il y a quelques années, lorsqu'il a vu un grand et ancien marchand de comestibles de Paris, et grand rabastin tout à la fois, aller s'établir pour la confection des truffes en bouteilles dans un tout petit village à trois lieues de Montélimart, ville où déjà même on ne trouve absolument rien de ce qui est nécessaire à cette fabrication, étant obligé de faire venir les moindres choses de tout autre endroit.

De l'autre côté du Rhône il y a aussi des marchés de truffes : Bagnols, dans le Gard, en est un principal, avec Pont-Saint-Esprit.

Montélimart, sur la grande route de Marseille à Lyon, voit arriver dans sa ville toutes les truffes des marchés de Venterol, le Buis, Nyons, Latouche, tous dans le département de la Drôme. Il y a encore ici de ces antiques sociétés de rabastins, aussi vieilles que le temps ; quelques-unes ont au nombre de leurs associés des marchands lyonnais. Vous les voyez chaque semaine, leurs jours de venue, arriver de leur commune à Montélimart, apportant sur des mulets les quantités de truffes qu'ils ont explorées dans le temps qui s'est écoulé depuis leur dernier voyage en cette ville ; là, les mettre en paniers et les expédier à Lyon, à l'adresse de leurs collaborateurs ; cela fait, reprendre aussitôt le chemin de leur résidence, et s'y occuper de nouveau à se pourvoir de quantités nouvelles pour un prochain voyage à

Montélimart. Quelques spéculateurs expédient aussi directement de Montélimart aux pâtissiers strasbourgeois.

Il y a encore à Montélimart les truffes du Vivarais, de l'autre côté du Rhône.

Crest, toujours dans le Drôme, n'a point de marché aux truffes ; mais dans cette commune il y a des commerçans de l'article. On s'y est adonné depuis quelques années à la confection des conserves, mais sans différence aucune avec toutes les préparations du midi.

A Valence, on n'a généralement que les truffes du Vivarais ; il ne se fait que fort peu d'envois de cette ville : les rapports commerciaux avec elle ne peuvent être fructueux.

Il en est de même de celles du département de l'Ardèche ; le peu de truffes qui s'expédie part de la ville de Tournon.

Les truffes de Tain sont réputées les meilleures du Dauphiné, et sont aussi les plus belles ; preque toutes grosses, rondes, n'ayant que fort peu de terre attachée autour d'elles, d'un terrain sablonneux. Ce sont là, en effet, des perfections qui relèvent beaucoup le cours des truffes ; mais malheureusement les truffes que fournit ce canton sont en très - petite quantité.

Le truffes du midi et de l'ouest des départemens des Hautes et Basses-Alpes, et de l'Isère, s'expédient rarement fraîches, à cause de leur éloignement des moyens de transport. Elles sont apportées des lieux de production sur différens marchés, où elles ne sont achetées plus généralement que pour être confectionnées.

Le commerce du Périgord, comparativement à celui du Dauphiné-Provence, est loin d'être aussi important. Nous savons aussi qu'en Périgord nous n'avons pas les quantités considérables de truffes que nous trouvons dans le sud-est de la France. Ainsi il ne peut se faire que nous trouvions dans le Périgord une exploitation commerciale aussi étendue, aussi considérable.

Les truffes du Périgord sont plus chères ; les paysans vendent bien leurs truffes : ici, de la part des consommateurs, il n'y a point d'ignorance ; tout le monde connaît et apprécie la

truffe, et la déguste savamment. Une consommation importante existe donc déjà sur les
lieux ; aussi la truffe s'y trouve nécessairement
déjà chère. Les Périgourdins sont gourmands :
ils vivent bien ; ils ne laissent pas partir leurs
truffes sans s'en repaître à satisfaction. Et que
de chose la gourmandise, la renommée ou l'habitude font apprêter aux truffes sur les lieux !
ce qui n'a pas lieu en Dauphiné et en Provence.
Que d'envoyeurs de toutes sortes de comestibles aux truffes (que par parenthèse l'on se
procurerait tout aussi bien autre part et à bien
meilleur marché) emploient la truffe aussitôt
après son extraction de la terre, et conséquemment en font hausser le prix ! Aussi il n'est pas
de saison où il n'arrive, même à plusieurs
reprises, qu'il serait plus lucratif d'envoyer de
Paris des truffes en Périgord, tant le haut prix
sur les lieux est discordant avec le cours de la
capitale.

A part bien peu d'exceptions, tout ce que
nous avons dit sur le commerce du Dauphiné
et de la Provence s'applique à l'exploitation du
Périgord.

Il y a donc en Périgord également des

paysans extracteurs et des spéculateurs marchands.

Ce sont, principalement en Périgord, des
aubergistes truffeurs de dindes et fabricans de
pâtés tout à la fois, qui ont la haute main sur
l'exploitation de l'article truffe.

Les plus grandes quantités de truffes du Périgord qui s'exportent partent de Brives, de
Sarlat, de Cahors, de Limoges et d'Angoulême.

En Périgord, point de ces fabriques de truffes
conservées, qui aient quelque importance;
l'unique conservation en usage est celle à la
graisse de porc, ou à celle de l'oie.

A Bordeaux des conservateurs de denrées pour
la marine préparent et conservent de grandes
quantités de truffes à la méthode dite de *l'air-
eau-flamme* en boîtes de fer-blanc et en bouteilles. Bordeaux est pourvu de truffes dans le
genre de Marseille : ce sont également des sociétés d'explorateurs qui y apportent à dos de
mulets périodiquement leurs truffes.

Les truffes des cantons de Sarlat et de Brives
sont, avec celles des environs de Périgueux, les
meilleures truffes du Périgord ; mais seulement

*

celles des deux premières villes sont en même temps les plus pourvues de perfections marchandes, c'est-à-dire qu'elles sont généralement de belle grosseur, rondes, et gardent très-peu de terre à leur alentour. Les truffes de Périgueux sont dans le commerce de la plus grande insignifiance, à cause de la trop mesquine quantité qu'en donne son exploration.

Celles de Cahors sont les plus désavantageuses pour le commerce : elles ressemblent beaucoup aux truffes de Marseille, et l'emportent même en difformité et en petitesse ; les truffes fretins abondent considérablement dans les cantons de Cahors.

Les truffes d'Angoulême sont assez grosses, mais monstrueusement placardées de terre à leur alentour, et toujours de terre fort humide, parce que les paysans ont la friponnerie de les mastiquer avec une terre mêlée de glaise, et après avoir rassemblé les truffes en tas, pour en augmenter le poids, ils les arrosent abondamment et fréquemment d'eau : aussi les truffes d'Angoulême sont-elles généralement méprisées.

Les truffes de Limoges tiennent un juste mi-

lieu sur toutes les autres du Périgord en perfection et en qualité.

Les truffes du Périgord, qui s'explorent encore dans d'autres cantons que ceux cités ci-
dessus, partent de Souillac, Terrasson, Peyrac,
Nontron, Cressensac, Ruffec, Montignac, et
Saint-Antonin, toutes communes situées dans
les divers départemens que nous avons cités
dans notre première partie. Rien de particulier,
rien d'intéressant à décrire au lecteur sur ces
diverses localités, relativement à l'exploration
et à l'exploitation du commerce des truffes.

Il vaut mieux laisser manger aux Périgourdins leurs truffes, dont le vrai gourmand ne
fait pas de différence avec celles du Dauphiné-
Provence, leurs dindes, leurs pâtés, etc. que
d'en faire venir, pour les leur payer des prix
fous. Leurs comestibles ont de la réputation;
mais leur mérite est-il réellement supérieur ?
Ne serait-il pas plutôt que bien prôné, bien
vanté ? Ils savent faire l'article, les Périgourdins ;
ils sont charlatans, et pas mal ; ils n'ont besoin
de personne pour faire leur réputation : ne
sont-ils pas d'ailleurs voisins de la Gascogne ?

C'est la place marchande de Paris qui sait

bien faire justice de tout cela. Il faut voir les déconfitures de ces pauvres marchands du Périgord à Paris, réduits par momens à faire venir des truffes du Dauphiné et de la Provence, afin de pouvoir opérer au cours. Il faut aussi leur voir manger leurs dindes et leurs pâtés, après qu'un temps trop moral s'est écoulé pour ne plus permettre de douter encore de leur corruption, parce qu'ils n'ont pas trouvé d'acheteurs jusqu'alors. Qu'ils sont impies ces Parisiens de ne pas croire à la succulence et à la double valeur de cette dinde, qui a été si vénérablement mise en bourriche par le correspondant de Brives, et qui surtout l'a facturée un bon tiers de plus qu'elle serait achetée à Paris ! Si son homme de Paris vient à se plaindre, il le taxera d'imposteur : ce n'a été que pour lui faire plaisir qu'il lui en a fait l'envoi. On se les arrachait ; il lui en a manqué considérablement pour des ordres particuliers, car il est connu monsieur le commerçant périgourdin ; n'envoie-t-il pas chaque année par toute la France, voire même l'Europe, ses circulaires ? Et l'almanach royal n'est-il pas son contribuable de suscriptions ? Pour servir son

commettant parisien, il a négligé la commande
de M. le duc de..... de M. le comte de.... Et il
se plaint, le correspondant! au diable le commerce! Aussi, certains consommateurs n'ont-
ils pas tout dit, lorsqu'ils s'empressent bien vite
d'annoncer à leurs convives : voyez cette dinde ;
c'est du vrai Périgord ; elle m'en arrive directement. Elle est bonne au moins, et je suis certain de ne pas être trompé. Le consommateur,
qui opère de cette manière, ne calcule pas bien
certainement : car il reconnaîtrait qu'il paie sur
les lieux, sa dinde un bon tiers de plus que
s'il l'achetait à Paris, et qu'il en a de plus supporté les frais de port. En parlant ainsi nous
n'entendons pas tenir pour *nec plus ultra*
messieurs les détaillans de Paris : nous conve-
nons que dans la plus grande maison, la plus
renommée même, on est souvent impitoyable-
ment trompé. Combien de bons marchands,
réputés tels, n'ont de mérite à la confiance
publique que leur ancienne renommée, qu'ils
ont convertie depuis long-temps en brevet d'im-
punité ! Au milieu de ce conflit, il faut chercher
ce qui peut le mieux valoir, le mieux convenir.
Toute chose exige du travail, même pour

acheter argent comptant le plaisir au poids de l'or.

En général, les paysans extracteurs, revendeurs, et les spéculateurs, expéditeurs sur les lieux, tant du Périgord que du Dauphiné et de la Provence, sont peu consciencieux. Ils ont divers moyens de fraude, qu'ils emploient fréquemment, pour ne livrer que de la marchandise inférieure en place de la convenable qu'on entend acheter. D'abord ils font facilement de grosses truffes avec des petites. Le moyen en est simple : ils clouent ensemble au moyen d'épines ou de petites broches de bois plusieurs petites truffes. Ce bloc de truffes formé, ils en garnissent de terre humide toutes les distances apparentes ; ils mastiquent convenablement tous les vides des interstices de ce tas de truffes, de manière à ne point laisser apercevoir que cette masse n'est qu'un assemblage de petites truffes, au lieu d'être une véritable grosse truffe. Tout le monde y est attrapé, et cette sorte de truffe, tenue pour belle, circule le mieux du monde dans le commerce, est achetée et revendue comme telle. Ce n'est que le consommateur qui en éprouve le désenchantement, en ce que ce n'est que lorsqu'on lave cette truffe qu'on peut s'apercevoir de la duperie.

Ensuite, aux mêmes gens il leur est familier de donner du poids à la truffe sèche et légère, et c'est en l'arrosant, ainsi que nous l'avons expliqué, lorsque nous avons parlé de la ville d'Angoulême, qu'ils exécutent cette fraude.

Mastiquer et bien emplacarder une truffe de terre ne leur coûte de même aucun scrupule à exécuter.

Le fait de glisser à l'acheteur furtivement en place de truffes de recette, c'est-à-dire fermes et saines, des truffes d'écart, molles, verreuses, etc., n'émeut leur conscience que joyeusement; car tout bénéfice fait sourire, et ils ne considèrent que le bénéfice procuré par cet innocent escamotage.

Il ne faut jamais leur acheter un panier sans le vider; car à l'acheteur qu'ils auront reconnu pour avoir la confiance de ne pas le faire, ils auront bien soin de farder le panier, c'est-à-dire ils mettront au dessus seulement un lit de truffes sortables; ensuite tout le reste ne sera composé que de rebuts et de fretins, et au fond du panier existera même encore un bon lit de terre détachée des truffes, lequel indubitablement sera pesé et payé comme de véritables truffes.

Sur les marchés les paysans ont leurs truffes dans des sacs; si l'on veut être victime de la ruse que nous signalons ci-dessus, on n'a qu'à leur acheter leur sachée de truffes, sur l'opinion qu'a fait concevoir la vue de celles qu'ils vous ont montrées à l'ouverture du sac.

Il faut leur payer les moindres fractions et de poids et d'argent; leur rogner le prix d'une once, leur rabattre un sou d'appoint, et cela même sur des achats considérables, sont des cas à se faire faire un mauvais parti.

Sur les lieux les truffes ne se transportent qu'en sacs; on les fait voyager ainsi, dans tous les cantons de la province, à dos de bêtes de somme. Ce n'est que pour les expédier au-dehors des parages truffiers que l'on met les truffes en paniers.

Le commerce des truffes tente beaucoup de gens qui y sont étrangers. Bien des commerçans qui appartiennent à d'autres parties, abordent celle-ci avec un courage et une témérité qui n'annoncent que trop, que les écueils qu'ils vont rencontrer leur sont inconnus. De là au commencement de chaque saison ou campagne, combien voit-on apparaître d'expéditeurs peu experts, qui d'abord se laissent attraper pour les sortes et les qualités par les paysans, ensuite n'ont aucune connaissance des emballages à appliquer selon telle ou telle température! Par un temps chaud, par exemple, ils mettront les truffes dans des paniers avec des copeaux, de la paille, du foin; quelques-uns empapilloteront même chaque truffe dans un morceau de papier; d'autres se serviront, au lieu de paniers, de caissons hermétiquement fermés. On en a vu expédier même, de deux cents lieues d'éloignement, des truffes dans les mêmes sacs que ceux employés pour le transport de cette marchandise d'une commune à une autre seulement, et ces sacs, chargés sur une diligence sous des colis extrêmement lourds, ne point garantir bien entendu les truffes qu'ils renfermaient, d'un broiement général : aussi que de déconfitures sont le résultat de toutes ces ignorantes opérations! Dans notre quatrième partie nous donnerons les différentes méthodes d'emballage à appliquer selon les différentes températures.

Sur les places de Nantes, Lille, Strasbourg, Rouen, sur celles d'Allemagne, d'Angleterre et de Russie, le trafic des truffes n'y est plus qu'un commerce très-secondaire; le tubercule n'est qu'un article auxiliaire et d'assortiment. Plus de spéculateurs exclusifs, que quelques marchands revendeurs plus ou moins importans, qui le livrent à la consommation de ces localités.

A Nantes, cependant nous trouvons quelques spéculateurs en conserves pour la marine et les expéditions lointaines, et la méthode principale est celle à *l'air-eau-flamme*, en bouteilles et notamment en boîtes de fer-blanc de toutes dimensions.

A Strasbourg, la plus grande consommation consiste dans l'emploi que font les pâtissiers de la truffe pour garnir leurs pâtés de foies d'oies.

A Rouen, deux ou trois magasins de comestibles, tenus dans un genre qui approche du luxe parisien, détaillent les truffes aux amateurs rouennais. Quelques charcutiers, et quelques maîtres d'hôtel principaux peuvent encore, chacun selon la manière de leur débit, être considérés comme des détaillans de truffes.

A Lille et dans toutes les autres villes importantes de France, il en est du commerce des truffes à peu près de même qu'à Rouen, à part les marchands de comestibles qui n'y sont pas, ou n'y sont que d'un genre ou d'un décor différens.

En Angleterre, en Allemagne, en Russie, la truffe y est d'un prix archi-aristocratique. Très-peu de truffes fraîches réussissent à y parvenir saines, à cause de la longue durée du voyage : aussi généralement n'y expédie-t-on que des truffes conservées, et la conservation la mieux goûtée, la plus préférée est celle en bouteilles, à *l'air-eau-flamme*. Les truffes sont frappées dans ces pays étrangers d'un droit de douane exorbitant. Plus l'article s'éloigne de la France, plus il devient inconnu, et n'est demandé que par les gens de la plus haute richesse ; les fortunes ordinaires n'y touchent jamais, à plus forte raison les bourses mesquines de la bourgeoisie. Nous ne dirons rien du peuple : on doit le penser.

En France, c'est le ministère Villèle qui a étendu les truffes à la portée de tout le monde, maintenant que chacun peut acheter chez le charcutier ou le marchand de comestibles, une portion des plus petites, de quelque chose aux truffes. Ce n'est pas à cause que sous le ministère-villèle l'on se truffait davantage que sous les ministères précédens, mais c'est que les journaux parlaient tant de la truffe, écrivaient tant d'articles à la truffe, que, ma foi! le peuple s'est dit : mais voyons donc ce que c'est que la truffe ; faisons connaissance avec elle, et ce par amour de l'égalité. Je ne suis pas ministre ; mais n'en suis-je pas moins digne de manger des truffes? Aussi depuis ce temps quel est le plus modeste ménage, qui envoyant sa ménagère au marché, ne lui donne commission de rapporter, entre autres articles, au moins un quarteron de truffe. Si la truffe a triplé depuis

lors l'importance de sa consommation , c'est
à la presse que nous le devons : ô liberté de
la presse ! c'est encore un de tes bienfaits !
Sans toi, sans les articles frondeurs des graves
journaux d'alors , sans les articles facétieux
des petits journaux de ce temps ventru , qui
chaque jour gorgeaient sur la truffe , sans les
plaisanteries interminables et toutes à la truffe,
est-ce que moi prolétaire , je connaîtrais la
truffe , j'en voudrais manger ? Et moi, Limou-
sin ou débarqué d'Auvergne, est-ce que l'on ver-
rait sur mon gros morceau de pain , déjeunant
sur le pouce , le morceau de dinde décoré
d'un émincé de ce précieux tubercule ? Et
nous autres jeunes gens à petite bourses, mais
grands admirateurs des vertus républicaines
de Sparte et de Rome , dont nous voulons
doter la nation française, est-ce que dans notre
dîner , soit à dix-huit , soit à vingt-deux sous
par tête , nous exigerions que notre lumineux
chef y fit paraître de temps en temps la truffe
aristocratique ? Non , non : c'est une des vertus
républicaines que nous avons foulée aux pieds
sans nous en douter. Les grands seuls mangaient
des truffes : eh bien ! nous , petits , nous ,

malgré cela leurs égaux, *quoi qu'on die*, nous en voulons manger, et nous en mangeons : malheur à eux, si jamais ils s'avisaient de présenter aux chambres à ce sujet des lois d'exception ! Il leur serait difficile, malgré le secours de leur puissante majorité, de repousser l'accusation de violer la charte, accusation que dans notre sainte indignation nous porterions spontanément contre eux !

Nous disons donc que depuis 1825 environ la consommation des truffes a triplé ; et de cela il est advenu pour le commerce que les truffes sont maintenant bien plus chères sur les lieux de production qu'auparavant, sans qu'à cause du grand nombre de marchands qui s'est considérablement accru, l'article ait obtenu un prix plus élevé à la revente ; ce qui fait que messieurs les marchands ne trouvent plus à ce commerce les bénéfices qu'ils y faisaient autrefois, tandis que les paysans extracteurs retirent un bien autre prix des quantités de truffes qu'ils explorent du sein de la terre.

Les truffes fraîches, quoique voyageant fort vite, puisque pour voie de transport on ne se sert que des malles-postes et des diligences, dé-chettent en route : il y a toujours un manque de poids à l'arrivée, et ce manque de poids existe dans une proportion d'un dixième plus ou moins, selon les températures.

Indépendamment et malgré le soin, au départ, que l'on aura pris d'écarter de mauvaises truffes, il s'en trouvera à l'arrivée aussi dans la même proportion d'un dixième : au total, deux dixièmes; ainsi vingt livres de truffes expédiées ne présenteront jamais à la réception que seize livres saines environ.

Jusqu'à l'année 1832 les truffes entraient en ville de Paris franches de droit d'octroi. Depuis lors elles sont imposées d'un droit de trente centimes par kilogramme. En toutes autres villes de France elles sont franches de tout impôt.

C'est ici la place d'esquisser le portrait d'un *Rabastin*. Vous savez, lecteur, ce que nous entendons par *rabastin*; ce ne peut être un jeune homme, mais un homme d'une quarantaine d'années au moins. Il faut avoir le jugement entièrement formé pour apporter à ce genre spéculatif tout le feu, et par contre toute cette froideur qu'exigent les différens momens bizarres d'action et de calme dans le débit à des intervalles si peu distancés, que parfois un quart d'heure est un temps notoire; ce qui met si souvent la prévoyance spéculatrice aux abois. Le véritable marchand de truffes est un homme extrêmement fin; sa physionomie est malicieuse. Quel degré d'instruction dont il peut être pourvu, ce n'est jamais un sot : en ne l'entraînant pas au-delà de sa sphère d'une façon trop exagérée, vous ne l'embarrassez jamais. Les paysans rabastins dauphinois sont des hommes confondus dans la science mercantile. Sur tout autre théâtre que leur marché de province, nous ne doutons pas que ces hommes seraient à même de déjouer plus d'une de ces affaires si artificieusement échafaudées, dirigées par ces spéculateurs si adroits, dont abondent les capitales; entendant parfaitement le haut commerce, se garant assez de ses appâts astucieux et presque toujours décevans; du reste bons spéculateurs, trafiquant accidentellement sur tout autre article que la truffe hors la saison, mais revenant aussitôt avec elle à leurs truffes chéries. Quelle haute idée ils ont de cette marchandise ! qu'ils la vénèrent ! qu'ils en ont soin ! c'est un vrai culte qu'ils lui rendent. Vraiment les mérites si précieux de ce tubercule seraient encore à être connus, qu'à la vue de la contemplation d'un rabastin pour la truffe, l'imagination devrait nécessairement s'allumer, se douter qu'il y a quelque chose de précieux à découvrir, et chercher aussitôt les qualités gourmandes que renferme cette grossière masse charnue. Avec quelle ardeur toute leur vie ils continuent ce commerce ! Quelles que soient les vicissitudes qu'ils y éprouvent, ils le pratiquent toujours, n'y renoncent jamais. Ce commerce frappe de monomanie tous ceux qui l'exercent ; ils se passionnent pour lui à l'excès. La saison arrivée, il faut qu'ils touchent au métier ; ils font pour cela les plus grands efforts, les plus grands sacrifices. Il est beau de voir les vieillards apporter à ce commerce tout un feu de jeunes années. Nous pourrions citer deux individus pour servir de modèle à ce sujet, véritable type d'une espèce particulière et originale d'hommes très-différens au moral comme au physique : ils n'ont de commun entre eux que le savoir de leur commerce truffier. L'un est grave, réfléchi, soucieux ; l'autre pétillant, vif, chaleureux ; tous deux devant faire tenir circonspect quiconque les abordant a assez de sagesse pour croire à l'insuffisance de ses moyens auprès de ces deux patriarches profondément sciencés. Si un jour quelqu'un de messieurs les savans prenait envie de décrire cette classe d'hommes, oh ! ce serait vraiment bien intéressant ! En en traitant, ce serait lever encore un voile sur un sujet philosophique de plus.

TROISIÈME PARTIE.

ART CULINAIRE.

De tous les grands maîtres, les grands professeurs, les innovateurs dans l'art culinaire, dans tout ce qui a été dit, écrit et composé sur cette matière, parmi tous ceux qui ont inventé et perfectionné diverses branches de l'art de bien vivre; dans le temps où fut jeté comme un éclair de génie les inspirations de cet art, où plus d'un Vatel éclipsa par d'heureuses compositions toutes les vieilles méthodes; pendant les petits soupers de la régence, perfectionnés sous les derniers règnes, les saturnales du directoire et les repas splendides de l'empire; pendant la restauration, où les vieux marquis de l'émigration ramenèrent les habitudes gourmandes et les fins dîners, enfin sous le ministère Villèle appelé *ministère truffé*, on devra rester étonné de ne pas trouver sur la truffe, sur ses apprêts, aucunes données précises, aucune indication écrite, aucune expérience savante, aucune règle de maître. Pourtant cela est tel que nous le disons. Jusqu'à présent on n'a vu que des méthodes hasardées, des systèmes incomplets, des procédés équivoques, provenant de traditions toujours routinièrement suivies. Voilà seulement tout ce qui a existé et existe encore aujourd'hui dans l'art culinaire, en ce qui concerne les différens apprêts du tubercule TRUFFE.

La truffe a été considérée comme un auxiliaire seulement, et non comme chose principale ; on a dit la truffe est un parfum, comme la rose, le thym, la vanille, le safran, l'ail, le citron : donc elle doit être employée comme substance odoriférante. Quant à ses chairs, elles sont sans force, sans vigueur, et tout aussi insipides que celles d'une orange dont on a exprimé le jus, ou peu de chose de mieux : voilà comme on a raisonné : la truffe étant alors faussement jugée par presque tous les gens de l'art, on concevra facilement pourquoi jusqu'à présent on a erré, pourquoi on n'a pas encore trouvé les moyens d'en diriger et d'en déterminer convenablement les apprêts. Ne pas reconnaître à la chair de la truffe des qualités précieuses ; ne pas la considérer comme une chose principale et capable seule de constituer un mets; c'est l'erreur la plus grande et la plus funeste à la savoureuse dégustation de ce tubercule. Voilà ce qui a puissamment contribué à rendre indifférent à son apprêt, parce qu'on ne l'appréciait qu'à cause de son parfum.

De tous les pays du monde où les truffes s'apprêtent encore le mieux, c'est sans contredit la France. O France ! il y a dans ce mot, dans l'expression de ce nom quelque chose de véritablement gastronomique. France ! paradis sublime, réceptacle constant de tous les précieux biens nécessaires à la jouissance de la vie, à la gourmandise, plaisir toujours renouvelé et toujours agréable, et qui ne cesse que lorsque nous cessons d'être nous-mêmes !

En France, on est circonspect sur les communications à faire aux étrangers des méthodes, quoique impropres, d'apprêter les truffes. On se fait gloire depuis quelques années, que la truffe devient plus connue, des procédés qu'on a tracés à l'aventure, et qu'on pratique sans chercher s'il n'existerait pas quelque chose de mieux. Tout cela fait que la connaissance des truffes et de ses apprêts culinaires sont encore en arrière dans les diverses contrées européennes, dans celles lointaines et d'outremer ; quoique cependant tous les étrangers en général soient fort désireux d'étude et de lumière sur les truffes, stimulés qu'ils sont par les charmes gourmands qu'ils y trouvent tout d'abord, et qu'ils savent profondément apprécier.

En Angleterre, il n'est presque que les cuisiniers français qui emploient les truffes, qu'ils font venir de France. Il est inutile de dire que ces messieurs en se déplaçant ont transporté les mêmes procédés ténébreux ; avec le malheur de l'ignorance vient encore se joindre l'entêtement de messieurs les Anglais. Il est impossible de les dissuader que la truffe ne veut avec elle ni le mélange du *poivre de Cayenne*, ni de *suprême mustard*, ni de ces sauces fortement épicées, dont l'usage leur est particulier et si familier, ce qui ôte aux truffes, altérées déjà par un long voyage, tout ce qui peut leur rester de parfum. Ce n'est que depuis quelque temps seulement que les Anglais ont commencé pour ainsi dire à se prononcer en faveur des truffes, et que la consommation en est devenue fréquente. Nous ne savons s'ils s'y sont déterminés par une connaissance approfondie des précieuses qualités de ce tubercule ou par les particularités des apprêts de la truffe chez eux. Ce que nous pouvons dire, c'est que les truffes qu'ils apprêtent sont loin de réunir encore, en leurs préparations, les bonnes qualités de celles apprêtées selon les usages de France. Toutes les truffes qui se consomment en Angleterre par le monde gourmand viennent de France; elles y sont expédiées fraîches dans la saison, et ensuite conservées en bouteilles. Quant aux fraîches, elles peuvent être bonnes; mais quant à celles en bouteilles, nous avons reconnu que la plupart de celles qui y arrivaient étaient mal réussies : avec cela les marchands anglais qui les débitent ne les renouvellent point sssez : s'ils vendaient moins cher, peut-être que l'écoulement en serait plus actif. Relativement aux truffes de leur sol, que toutefois ils connaissent à peine, la haute cuisine n'a pas essayé de s'en servir; ces truffes ne sont goûtées et mangées que par les paysans qui les mettent cuire au four; d'autres les font cuire sous la braise; enfin d'autres plus expérimentés les placent autour du rosbif, comme ils y mettent les pommes de terre.

En général les Anglais sont peu gourmands et gourmets : on a reconnu que leur palais n'est pas apte à apprécier le fini, le délicat d'un mets travaillé par l'art; qu'il leur est impossible de sentir ce plaisir si doux qu'on éprouve à la dégustation d'un mets succulemment apprêté. Leur manie, on peut dire ridicule, de manger la viande tout-à-fait saignante et à peine cuite, les a habitués à une uniformité de goût qu'ils devront perdre difficilement, et qui doit les rendre insensibles aux choses sublimes de la gourmandise. Prenez-y bien garde, messieurs les Anglais, la civilisation gourmande vous manque entièrement; vous restez indifférens aux plus grandes jouissances : n'oubliez pas que

c'est à la table que nous trouvons l'esprit sémil-
lant de nos Françaises, l'enjouement de leurs
propos, la grâce et la finesse qui les distinguent
d'entre les femmes de toute la terre ; qu'enfin
un bon repas met d'accord les parties les plus op-
posées, et conclut les affaires les plus difficiles.

En Amérique, les truffes sont très-nombreu-
ses : elles ont plusieurs classes, plusieurs familles ; mais toutes sont mangées, considérées
d'une égale bonté par les habitans, qui en
usent très-habituellement. Ils ont la coutume de les faire cuire dans l'eau bouillante,
pour les manger avec du sel et du poivre seulement. On a reconnu que ces truffes pouvaient
avec avantage remplacer le champignon, que
l'on ne peut mettre en contact avec les truffes
de France ; le goût de sauvage, qu'ont ces
truffes exotiques, s'allierait parfaitement avec
celui des nôtres. Il s'en vend beaucoup sur
tous les marchés des principales villes du nouvel
hémisphère.

Un jour, à Londres, que nous allions par la Ta-
mise de Custom-House à Westminster, dans une
de ces élégantes pirogues qui passent en vitesse
celle du coursier, nous fûmes rencontrés par

quelqu'un de notre connaissance, qui arrivait d'Amérique, lequel nous invita à dîner pour le lendemain à bord de l'équipage qui l'avait amené : il savait à qui il avait affaire ; aussi ne négligea-t-il rien pour se mettre en frais de mets, vrais produits de l'art. Ce qui piqua vivement notre curiosité, ce fut une grande partie de plats garnis de truffes récoltées en Amérique. Ces truffes étaient du Brésil. Nous pouvons affirmer qu'elles étaient excellentes, d'un parfum agréable, quoique pourtant différent de celui de nos bonnes truffes de France. Elles étaient cuites tout simplement dans les sauces des différens mets où elles figuraient ; leur goût tenait un peu de celui du gibier ; elles étaient d'une chair délicate ; peu de temps avait suffi à leur cuisson. Nous avons reconnu qu'il faudrait rechercher pour ces truffes des cuissons spéciales. Cependant nous n'avons pas laissé de convenir que préparées comme elles l'étaient, elles pouvaient se manger et procurer au palais la dégustation d'un agréable goût.

En Allemagne, quelques truffes indigènes y paraissent, et y sont consommées de façons fort ordinaires et des plus simples. Ces truffes, qui sont du reste sans parfum, sont coupées par morceaux ronds fort minces et placés, comme chez nous le champignon, dans tout ce qu'à l'ordinaire on prépare à la sauce. On fait venir de France plus particulièrement les truffes du Dauphiné et de la Provence, que celles du Périgord, en raison de leur plus de proximité. La plus grande quantité s'y expédie préparée, courtbouillonnée à l'huile, au vinaigre, au sel, etc. Ils ont une forme particulière d'apprêter ensuite ces différentes conserves; mais malheureusement ils ne peuvent plus posséder aucune qualité de la truffe, qui est devenue sans parfum, sans odorat, tout cela lui ayant été tout d'abord enlevé en essuyant l'apprêt de la conserve commerciale.

Il n'y a que ce pays d'Allemagne qui n'ait point encore usé du procédé de conserve Appert. Les Allemands rejettent fortement cette méthode, qui ne leur paraît pas recommandable, parce qu'ils ont été trompés dans le principe. Comme du reste ils se servent des truffes en partie pour leurs viandes salées, principalement la charcuterie, ils ne tiennent pas positivement à avoir les truffes dans leur parfum de fraîcheur. Quoiqu'ils en reçoivent quelques-unes dans la saison, ils ne s'en servent pourtant pas de suite : ils pensent les bonnifier en les faisant d'abord passer à une préparation comme celle dont on se sert pour les conserver longtemps; puis elles sont après employées dans la cuisine.

En Russie, comme aux autres pays lointains, on n'y importe que les truffes conservées par la méthode Appert, en bouteilles ; et celles qui sont confectionnées à l'huile, par les saleurs, à Marseille. Toutefois disons que la méthode Appert, dans ses débuts, leur a laissé de fâcheuses impressions, et les a circonscrits dans l'emploi considérable qu'ils auraient pu en faire. Des spéculations y ont été faites par diverses personnes, qui toutes ont mal réussi; cela par une raison majeure, c'est que ces spéculateurs, étrangers au commerce des truffes, ne les connaissaient pas. Ces truffes mauvaises ont dû effectivement rebuter. Aussi est-il maintenant très-difficile de faire croire, surtout en Russie, qu'il existe de bonnes préparations en conserve des truffes. Il est à remarquer que les méthodes suivies par ces étrangers pour faire cuire les truffes sont les plus simples. Il est très-rare qu'ils les mélangent avec la viande et le poisson ; ils ne s'en servent en quelque sorte que comme hors-d'œuvre, cuites à l'huile ou au vin.

En Italie, les truffes de France y sont peu goûtées ; encore ne le sont-elles que dans quelques ports de mer. A l'intérieur ce ne sont que les truffes du sol qui y sont employées. Le peu de truffes de France qui y parvient est en conservées à l'huile fabriquées à Marseille, méthode assez générale pour toutes celles qui partent de cette ville pour toutes les contrées. Ils n'en reçoivent point de fraîches, toutefois très-peu et nullement de celles en bouteilles. Les Italiens, qui ont l'habitude de tout manger au fromage, continuent à mêler les truffes en apprêt avec cette production, chose détestable, insupportable, substances qui ne peuvent s'allier, et que ne doivent jamais simultanément goûter les gens de quelque goût. Mais disons-le bien vite, les Italiens n'aiment point nos truffes, et n'ont pas l'envie d'en rechercher les savoureuses sensations gastronomiques. L'esprit national les prévient en faveur des truffes de leur sol, qu'ils préfèrent (bien contre le bon goût sans doute): de sorte qu'ils ne consomment que les leurs, au goût épicé et puant l'ail, dont ils vantent l'excellence. Ils les mangent au fromage, ou frites, ou en bouillie avec le poisson, dans de grosses pièces de charcuterie, et généralement dans tout ce qui leur paraît recherché en mets. Ces pitoyables truffes d'Italie sont encore assez chères, pour ne permettre guère qu'à la classe riche d'en manger.

En Espagne les truffes y sont à peine connues encore; dans quelques villes maritimes seulement on reçoit quelque peu de truffes conservées de France. Il ne s'y expédie aucunes fraîches. Quant à l'emploi, il y est le même que dans tous les pays où l'on transporte les truffes conservées. Il a toujours lieu d'après la prescription annoncée par les vendeurs, importateurs, spéculateurs, laquelle est assez unique, et consiste à indiquer que les truffes retirées de leur préparation marchande, étant cuites et prêtes à manger, peuvent et doivent être jetées indifféremment dans toutes sortes de mets cuits et prêts à être servis. Quant à la truffe de leur sol, chose bizarre, ils ne la

connaissent pas ; ils ne l'aperçoivent qu'indifféremment, n'en recherchent point les qualités,
et n'essaient bien entendu en aucune manière
de la préparer. Elle est méprisée ; inconnue
qu'elle est, elle reste la pâture des porcs,
sous la découverte desquels elle tombe dans
les champs. Point de paysans extracteurs, et
conséquemment spéculateurs, car nous ne donnerons pas ce nom aux malheureux qui en ras-
semblent d'assez grandes quantités pour en tirer
quelques pièces de monnaie d'un acheteur, qui
destine ce lot à la nourriture de ses porcs, ou
pour en faire à eux-mêmes une nourriture
qu'ils délaisseraient bien vite, si la fortune les
mettait à même de se pourvoir d'alimens plus
convenables.

Etrange prévention, singulière disposition
du goût humain ! certaines truffes du sol
espagnol possèdent plus de feu, plus de
parfum que les nôtres de France, que les gourmands de cette péninsule nous achètent bien
entendu en toute préférence, sans se douter
qu'ils ont chez eux, dans certaines localités, des
qualités de ce tubercule, tout au moins aussi
précieuses que celles qu'ils se font importer.

Quand par hasard la truffe espagnole est saisie par un indigène appréciateur, c'est dans l'huile bouillante et coupée par tranches fort minces en espèce de friture, ou bien sous la cendre chaude, qu'elle est cuite avant d'être mangée. Ces truffes d'Espagne sont si délicates, si sensibles, que quelques minutes suffisent pour les faire cuire : elles possèdent un fumet délicieux. Nous renvoyons au chapitre de nos recettes pour leurs apprêts, s'il en tombait parfois sous la main du consommateur.

En France, les truffes y sont préparées de méthodes bien diverses. L'ignorance et l'orgueil en inventent : de là multiplicité d'erreurs. Le grand monde s'en remet inconsidérément pour la préparation des truffes, soit à des cuisiniers renommés, soit à des marchands qui les vendent à Paris, ou à ceux qui confectionnent pâtés et volailles aux truffes, sur les lieux de production. La bourgeoisie, lorsqu'il lui prend fantaisie de manger des truffes (et cela arrive assez souvent maintenant depuis qu'on a tant dit et prôné que les truffes étaient de ton, de bon ton, et tenues pour le *nec plus ultrà* des substances gourmandes par les gens de la haute classe), en fait acheter par la cuisinière de sa maison, la tenant pour connaître le savoir de ses apprêts et sans s'inquiéter comment elle opérera, ce que cette dernière ignore pourtant presque toujours. Dans ce cas elle s'en informe auprès du marchand qui lui vend les truffes : ce dernier l'ignore encore bien plus, ne s'étant donné jamais à aucun apprêt ; mais ils ne lui en donne pas moins une recette d'un air d'assurance. La pauvre fille suit la prescription au pied de la lettre, et quand l'œuvre est achevée, elle est tout étonnée d'apprendre qu'elle a mal réussi, par les reproches qui lui arrivent sans ménagement. « Marie, notre volaille est mau-« vaise. Mais dites-nous donc ce que sont les « truffes que vous y avez mises ; c'est une in-« fection..... » Voilà ce qui survient presque toujours.

Depuis la connaissance des truffes jusqu'à l'empire, les grandes quantités de truffes se consommaient apprêtées d'une façon bien simple : on plaçait tout bonnement (et ceci nous a été affirmé comme très-sincère et provenir par tradition très-ancienne) les truffes salées et poivrées dans une volaille, de préférence une dinde, sans les faire cuire, ni les apprêter auparavant en aucune façon ; d'autres les court-bouillonnaient, les arrosaient d'huile et les mangeaient à la main au repas du déjeuner, comme encore aujourd'hui dans certaines campagnes on mange des oignons, des poireaux, etc. Nos pères étaient friands de ces mets, et si nous continuons à en croire la tradition dans sa lettre tout entière, nous apprenons que c'est avec beaucoup de sensualité qu'on mangeait les truffes ; peu importait comment on devait les assaisonner pour les rendre plus agréables ; on n'en savourait pas moins les qualités gourmandes. Quelquefois on en mangeait aussi de crues ou de très-peu cuites. Les recettes en petit nombre, qui s'emploient pour conserver les truffes, avaient été découvertes par les paysans extracteurs du Dauphiné, qui depuis ce temps encore, et de nos jours même, persévèrent dans les mêmes manutentions.

Les paysans habitans des contrées où naissent les truffes ont pour les apprêts, selon les diverses contrées, chacun des méthodes qui sont particulières au sol qui les produit.

En Provence, la truffe d'été est découpée en feuilles minces, qu'on expose ainsi découpées au soleil pour les faire sécher, et qu'on met ensuite en sacs pour les vendre à la foire de Beaucaire. On emploie ordinairement cette truffe en la faisant blanchir dans l'eau bouillante ; puis on en met indifféremment dans tout ce que l'on veut manger. Nous avons vu quelques personnes en mettre sur un potage au riz, avec safran et coquillages ; et il faut le dire, à la déception des personnes qui se sont laissées fasciner, ces truffes blanches, tant vantées par les gens du sol, ont été long-temps savourées bien imméritoirement par les étrangers, qui, hélas ! savourent bien autre chose d'aussi frêle qualité.

La truffe noire de l'hiver, qu'ils n'épluchent dans aucun cas, est courtbouillonnée par eux préparatoirement. Ils confectionnent pour leur consommation les petites des bonnes, et les mauvaises des belles ; car les belles de bonne qualité étant conséquemment d'un prix supérieur, sont destinées pour les expéditions. Celles qu'ils réservent donc à leur consommation sont placées sans distinction dans tous les mets et ragoûts, excepté pourtant dans les mets sucrés; on en mange également dans la salade.

Dans les montagnes, les paysans ne mangent des truffes qu'autant qu'ils célèbrent quelque fête, tant ils regardent comme précieuse en leur main cette production; ce qu'ils ont généralement tous de commun entre eux. Chez eux ont été inventées plusieurs méthodes de préparer les truffes, et principalement celle de les cuire sous la cendre ou au four : invention brutale, de laquelle ils sont pourtant fort entichés. Ainsi qu'ils vous soutiennent que leurs amandes cuites au four sont admirables, quoique presque brûlées et totalement calcinées, de même ils vous contestent la bonté de toutes les truffes qui n'ont point passé par leur procédé. Cependant il nous est arrivé quelquefois de rencontrer parmi ces habitans agrestes des dissertateurs lumineux, et qui n'avaient pas manqué de s'évertuer en recherches d'améliorations dans la préparation du tubercule.

Un jour nous assistâmes pendant toute une journée des chercheurs de truffes, avec lesquels nous nous étions proposé de manger en un repas celles que nous trouverions. La direction de ce repas fut déférée à l'un d'eux, dissertateur en ce genre, émérite et conséquent. Nous étions sortis de bonne heure, et il s'était déjà écoulé plusieurs heures qu'à peine si nous en avions découvert et ramassé la quantité d'une livre, lorsque tout à coup ayant trouvé une partie de terre qui recélait bon nombre de truffes, nous parvînmes à en extraire une vingtaine de livres environ, que nous emportâmes avec nous, bien entendu. Il était nuit, lorsque nous rentrâmes au lieu de l'habitation; aussitôt on s'empressa de s'enquérir du souper : notre savant fit tout; il n'eut pour aide que des auxiliaires insignifians. Quant à nous, nous nous en inquiétâmes fort peu ; nous nous assîmes en attendant que tout fût prêt devant le feu de l'âtre, âtre immense de campagne, sous lequel, comme on sait, on peut tenir debout à l'aise.

Nous étions là à discourir avec les aïeux de la

troupe, parmi lesquels se trouvaient d'agréables conteurs. Nous nous souvenons que l'un d'eux expliqua que les eaux du Rhin et du Rhône étaient les mêmes, puisqu'elles sortaient de la même source, de même que le fleuve du Pô et la rivière la Durance. Lorsque la cuisine cessant de ronfler, indiqua que tout était prêt. Nous fûmes surpris en voyant le correct décor et la précision admirable qui régnait dans le couvert dressé sur une table à chevalet : rien n'y manquait, et l'emportait sur plus d'un bourgeois de Paris, que nous avons vu se piquer de perfection en cela. On commença par un potage de riz au safran; puis venaient les productions de Provence : thon, anchois, olives, câpres et commencement d'apparition de truffes. Ces truffes étaient chaudes autour d'un poisson froid : elles avaient été courtbeuillonnées, étaient entières et dans une sauce blanche. Nous louâmes avec raison ce mets, qui était fort bon; ensuite une compote de gibier aux truffes découpées, qu'une sauce fine et délicate liait ensemble; puis salmis aux truffes, branlade de morue aux truffes, une sarcelle, un perdreau, une bécassine truffés; puis truffes courtbouillonnées isolées. Ce qui apparut en dernier fut un vanneau, dans l'apprêt duquel notre appréciateur avait apparemment développé toutes ses capacités. Ce vanneau était farci de truffes de la manière suivante : les truffes avaient été épluchées sans être lavées ; de même qu'il avait procédé pour toutes celles qui avaient déjà été servies. Il avait pris plusieurs filets de grives, de bécassines, qu'il avait hachés bien menu avec assaisonnement pour composer la farce. On y avait mêlé lard maigre et pain trempé ; on mit tout cela dans un peu de panne fondue avec des truffes entières quelques minutes sur le feu ; le tout fut placé chaud dans le vanneau, mis aussitôt à la broche. Nous terminâmes par le pastèque, amandes, fruits confits, etc. Nous bûmes copieusement : une dame-jeanne énorme fut deux fois remplie et vidée. Nous ne sachions pas qu'on pût faire rien de plus simple, de plus succulent et de meilleur. Nous pouvons assurer que loin d'avoir eu la moindre indisposition par la quantité de truffes que nous mangeâmes, notre digestion ne fut pas même interrompue un seul instant dans son cours.

Les paysans de ces contrées ne connaissent aucun procédé autre que le courtbouillon, le sel, le vin, pour conserver les truffes. Avouons aussi que les conserves qu'ils font de cette manière sont par eux tellement livrées à vil prix, qu'il leur tient peu à cœur de rechercher de plus heureuses méthodes. Ils sont donc et resteront malheureusement encore quelque temps ensevelis sous ces vieilles routines.

À Marseille une erreur grave, dans laquelle on est obstinément plongé, est cause que de même pendant long-temps encore les Marseillais ne pourront offrir aux consommations lointaines de bonnes et de suaves préparations, dignes enfin du tubercule qu'elles sont appelées à conserver. Soit qu'ils emploient de l'huile, de la panne ou du courtbouillon, ils font cuire les truffes après les avoir passées au sel pendant un grand temps, jusqu'à ce qu'elles soient dures comme du bois. Ils affirment qu'il est impossible de bien conserver les truffes, surtout celles que l'on destine pour les expéditions d'outremer, et c'est le plus grand nombre, si on ne les réduit point à ce révoltant degré de cuisson. Nous laissons à juger au lecteur quel parfum, quel arome peuvent rester encore à cette truffe ainsi durcie ! A Marseille, c'est encore avec rebut et dégoût qu'on emploie le procédé Appert, et cela seulement de commande ; car les saleurs, c'est-à-dire les confectionneurs de truffes, tiennent essentiellement à leur méthode. Il faut aussi convenir qu'ils ne sont guère encouragés à faire des bouteilles, quand pas une ne leur réussit, soit à cause des mauvais soins, soit à cause de la parcimonie apportée dans les frais de manutention ; soit encore qu'ils ne veuillent pas se donner la peine de choisir, ou qu'il leur manque le tact nécessaire à reconnaître précisément les bonnes truffes, afin de ne jamais employer que celles - ci : toujours est-il, encore une fois, que leurs bouteilles sont constamment manquées.

Pour la cuisine ordinaire, à Marseille, on est dans l'ignorance complète de l'apprêt et de l'assaisonnement de ce tubercule. Il règne chez les habitans une indifférence totale à cet égard, lesquels, comme on sait, sont encore bien en arrière de la civilisation gourmande, gâtés qu'ils sont par les excellentes productions de leur sol.

Et c'est digne de remarque : les produits d'un sol quelconque ne sont jamais goûtés, analysés, friandés par les propres habitans de ce sol ; il faut que ce soit et ce sont toujours des dégustateurs étrangers qui en analysent, en reconnaissent et en consacrent les propriétés. Témoins l'insouciance de ces braves Bourguignons sur leur cep bien-aimé ; les Strasbourgeois indifférens aux puissances du lard fumé, de la chou-croûte, du foie gras, et de leur gibier ; les Lyonnais, sur l'abondance considérable de leurs bons produits, etc. Un morceau de thon frais, frit à l'huile, servi entouré de grosses truffes cuites au vin ; des coquilles de poisson aux truffes blanches ; des assiettes de salaisons, parmi lesquelles figurent les truffes : voilà tout l'emploi qu'on fait de ce tubercule dans la cuisine marseillaise. Charmant pays, combien est à déplorer ton ignorance prolongée !

En Dauphiné les habitans, pour la consommation du tubercule, en sont un peu plus avares qu'en Provence ; on en mange peu. Mais les méthodes sont dans ces deux provinces à peu près les mêmes ; et si elles ne sont pas bien variées ou nouvelles, ainsi que nous l'avons déjà reproché, disons aussi, pour leur rendre toutefois justice, qu'ils ne négligent rien pour faire leurs préparations excellentes. Leur courtbouillon contient quantité de bons aromates et de l'excellent vin. Ils savent de plus que les habitans de la Provence farcir la volaille et le gibier par le plus à proximité qu'ils sont que ces derniers d'avoir du beurre de Lyon. Depuis quelques années, les Dauphinois se sont mis à confectionner les truffes par le procédé Appert ; mais le peu de succès qu'ils en obtiennent chaque jour les portera à perfectionner leurs propres conserves, auxquelles ils se borneront indubitablement.

Les grandes quantités de truffes de ces deux provinces, le Dauphiné et la Provence, se trouvent à Lyon : c'est là qu'elles sont mélangées, triées, fatiguées. Dans cette ville on fait aussi beaucoup de préparations en truffes conservées pour les expéditions du dehors, selon le système qui est particulier aux Lyonnais. Pour peu que vous soyez gourmets, ne vous arrêtez pas à Lyon ; car ce n'est pas là qu'on vous mettra à même de savourer à longs traits tout l'art, tout le fini de la science culinaire : toutefois excellens produits, choses mangeables richement dotées de saveur et de suc délicieux ; mais mains inhabiles généralement : les esprits gourmands y sont bornés et les ventres sans rancune.

Relativement à la préparation des truffes pour la cuisine, ils y entendent peu ou presque rien. Quelques cuisiniers, jadis apprentis en Lutèce, y sont venus inculquer certaines méthodes prises au hasard, comme elles le sont toutes, et qui sont vieillies aujourd'hui par l'usage de nouvelles, que l'art tient pour meilleures. Mais malgré leur renommée, malgré l'éclat qu'ils firent, les Lyonnais ne purent s'accoutumer à cette nomenclature de petits mets, pour lesquels il faut tant de petits soins, tant de méditations, et ils sont retombés dans le chaos presque universel. Chez eux, en ménage, ils ne font cuire les truffes qu'au courtbouillon, encore n'achètent-ils ordinairement que des truffes molles, que la plupart des Lyonnais osent soutenir meilleures que les bonnes, parce qu'elles sont plus faites, disent-ils. Peut-être aussi auront-ils été

trompés par le marchand chez lequel ils se seront pourvus, parce que celui-ci a intérêt de
revendre à Lyon les truffes mauvaises qu'il
extrait des bonnes, destinées en totalité à la
réexpédition ; car on sait que le marchand
en détail à Lyon est aussi marchand en gros.

Les marchands lyonnais sont rabastins en
diable, en ce qui concerne la valeur qu'ils donnent à la truffe : ainsi que les paysans, ils la ré-
vèrent comme de l'or ; et cette vénération est
bien funeste à la cuisine, en ce qu'ils trompent
l'acheteur au détail, voulant toujours tout écouler. Ils ne perdent pas la moindre parcelle
d'une truffe bonne ou mauvaise ; et en conséquence le spéculateur lyonnais ne se fait pas
scrupule de destiner des truffes molles, c'est-à-
dire mauvaises, à la confection. Il ne se ca-
che point pour déposer vénérablement dans
un énorme baquet d'eau des quantités de truffes
corrompues, qu'il y laisse croupir deux à trois
semaines avant de les laver ; ensuite vous le
voyez les jeter dans un court-bouillon très-prononcé en épices et en acides, puis mettre ces
truffes à l'huile et en baril pour en pourvoir ses
demandeurs du dehors. N'avons-nous pas rai-

son d'affirmer que peu de personnes connaissent les qualités de cette substance, quand
vous apprendrez, cher lecteur, que leurs truffes
sont reçues et payées sans que, la plupart du
temps, on leur fasse la moindre observation.
Que diraient certains grands établissemens
culinaires à Paris, si ici nous leur rappel-
lions plus d'une occasion dans laquelle leurs
hautes lumières ne les ont point éclairés sur
cette *fantasmagorie?* Barbarie du temps, im-
puissance flagrante du goût humain !

En Languedoc, les truffes s'apprêtent par les
mêmes méthodes dont on fait usage en Provence. Elles se conservent de même ; et ne sont
encore que très-imparfaitement connues et
appréciées. Ce n'est qu'à certaine extrémité, à
Toulouse où on les a sérieusement étudiées.
De même que les habitans de la Provence,
les Languedociens ne s'entendent à apprêter les
substances culinaires que d'une manière simple
et naturelle. La faculté qu'ils ont de posséder
de succulentes productions ne les a pas encore stimulés à rechercher et à pratiquer tout

le fini de l'art de la cuisine. Cependant ils paraissent avoir plus de tact, plus de disposition que les Provençaux, et leur palais semble être mieux doté que celui de ces derniers, pour apprécier les sensations gourmandes. Mais ils ont de même que les Provençaux, l'usage de tout préparer à l'huile, substance tout-à-fait incohérente à de certains mets, et qu'en tous cas ne sauraient supporter des choses fines et délicates.

Toulouse en effet est à même de se pourvoir de bonnes truffes à cause de sa position; mais elle n'y sont pas toujours employées avec succès, avec talent. Toulouse n'a pas de marchands de truffes proprement dits; la connaissance, l'assaisonnement, la préparation de cette substance sont laissés aux mains de personnes qui font commerce de travailler cette denrée en pâtés, en terrines à la graisse, dans des vases, dans des boîtes avec de la volaille et du gibier. Ces personnes, qui à leur langage, à leur assurance *garonienne*, semblent réunir toutes les facultés possibles, ont le défaut de ne connaître qu'imparfaitement ce dont elles se veulent mêler, et ont, nous pouvons le dire, l'absurde orgueil de rejeter toute correction, toute lumière. Les

traiteurs et maîtres d'hôtels de cette ville re-
vendiquent pour eux le titre de premier maîtres. Ils affirment hardiment qu'après eux il
n'y a personne de capable, n'importe dans quelle
contrée. Leur jactance les a fait devenir commerçans en cuisine, au lieu de manipulateurs
seulement qu'ils devaient rester. Ces messieurs
établissent des prix courans et envoient leurs
circulaires à toutes les personnes du grand
monde des *quatre parties de l'univers*. A cet
égard, nous donnons pour avis aux gourmands
que les préparations qu'ils annoncent comme
merveilleuses ne le sont pas cependant toujours.

Dans toutes les villes, villages du Périgord,
on emploie les truffes à peu près de même
qu'à Toulouse. On y manipule également volaille et gibier aux truffes, après les avoir préparatoirement passées à la graisse chaude, assaisonnées et épicées. Ici, en Périgord, on épluche
les truffes, et l'on profite les épluchures dans
les farces après les avoir pilées ; ce qui, on
doit facilement le concevoir, doit rendre la
farce moins bonne, attendu que les aspérités

de la truffe n'ont rien de son parfum. Nous ne dirons rien des préparations froides, qui manquent radicalement de qualités principales.

Quantité de petites villes, toujours de ce côté de la France, regorgent de renommée pour l'apprêt et la confection des truffes. Les principales sont : Ruffec, Périgueux, Barbézieux, Angoulême, Limoges, Brives, Sarlat, Souillac, Bergerac et Nérac ; mais les connaissances en l'article sont, on peut le dire encore, très-circonscrites. Toutes les confections à froid manquent également de perfectibilité. Les terrines de Nérac tant vantées, les pâtés de Périgueux ont, comme on sait, une farce grasse, fortement épicée, dans laquelle domine le lard pilé. Quant aux truffes qui y sont mises, ce sont pour la plupart des truffes petites et inférieures, qui ne peuvent être expédiées au loin. En cela comme en toute chose, pour produire quelque chose de parfait, il ne faut point que l'intérêt préside à l'œuvre.

C'est dans ce pays du Périgord que se confectionne la soi-disant fameuse dinde truffée ; aussi partout où elle se présente, les étalagistes la décorent-ils du titre pompeux de *dinde truffée du Périgord ;* qui , ainsi que nous avons déjà eu occasion de le dire, pensent lui donner par là un certificat de première qualité. Et pourtant combien cette production, comme tant d'autres mangeables de pays vantés , a été aussitôt maudite que goûtée !

La dinde truffée en effet , par les expéditions qu'il s'en fait, est le mobile principal qui soutient les établissemens d'hôteliers du pays ; et cette dinde truffée tant renommée est la chose la plus simple et la plus ordinaire à faire dans tous les pays ; il ne faut avoir que de bonnes truffes. Il est quelques personnes qui pensent que l'on doit introduire les truffes dans la dinde de suite après l'avoir tuée et plumée. A celles des dindes confectionnées de manière à sacrifier l'apparence extérieure, on a l'usage de laisser le cou à la bête , les ailes avec leurs plumes, les pattes, ainsi que les plumes de la queue. Mais pour celles qui sont apprêtées pour les marchands, elles ont un joli retroussé, de jolies bourriches pour emballage, où elles reposent sur des rognures de papier blanc. A la voir ainsi, on pourrait penser que cette production est une merveille de l'art gourmand, basée sur des principes conséquens, et c'est ce qui est loin d'exister.

Ainsi qu'à Toulouse, dans toutes les contrées méridionales de l'ouest de la France, les épluchures des truffes, qui doivent remplir la dinde, sont employées, hachées avec la farce, et forment une masse qui devient compacte par l'alliage immense de saindoux et autres graisses, qui donnent à la volaille une panse rebondie, dans le but de flatter l'œil de l'acheteur. La parcimonie de se servir des épluchures est funeste à la dinde ; car elles lui communiquent un goût âcre, qui la fait avancer promptement et qui lui donne une odeur de fermentation : ce qui fait dire aux consommateurs que les dindes du Périgord sentent parfois le chou. Puis ces messieurs vendent cher, Dieu sait ! Voilà assez de raisons pour observer que ce n'est pas toujours à juste titre que la renommée élève la voix.

En famille, dans l'ordinaire, les habitans mangent passablement de truffes dans la saison ; et par des années abondantes, on en sert dans toutes les auberges, sur toutes les tables d'hôte. On en place dans la majeure partie des mets de viande, mais rarement avec

le poisson , les légumes , ni sauces auxiliaires.
Les paysans périgourdins élèvent la truffe autant que ceux dauphinois et provençaux. Les
truffes les plus vantées par eux sont celles de
Cressensac et de Montignac , et ce sont celles
qui contiennent le plus de musquées, le plus de
verreuses; la terre qui les entoure est d'une
humidité tellement permanente, qu'elle fait gâter promptement ces truffes, qui ont la contexture délicate et les chairs tendres. Dans toute
cette contrée on ne sait point garantir les truffes
de la gelée ; aussi, pour peu qu'il fasse froid,
en sont-elles aussitôt atteintes.

Il est deux villes dont nous allons parler, qui
sortent de la classification de celles que nous
venons de décrire pour leur genre d'apprêt des
truffes, ce sont Nantes et Bordeaux.

Ces deux villes ont pillé du commerce de
Marseille la conservation des céréales , industrie que cette dernière ville possédait unique-
ment depuis un temps immémorial. Il est arrivé
ce qui arrive toujours en matière de perfectionnement. Nantes et Bordeaux ne pouvaient con-

fectionner par imitation des produits qui n'é-
taient pas de leur sol et qu'on y recevait du
reste fréquemment de Marseille, à prix très-
modiques : il fallait donc se jeter sur de nouveaux procédés. La méthode Appert se présenta,
et aussitôt les spéculateurs en pratiquèrent
l'application. Les truffes furent l'objet le moins
oublié de leurs conserves.

Il était sans doute fort attrayant de conserver enfin au naturel cette substance pour en
commander une vente active et considérable,
puisque jusqu'à ce jour la truffe n'avait été
conservée qu'avec des moyens qui lui retiraient sa saveur naturelle en tout ou en partie. Mais pour réussir parfaitement, ce qu'on
ignorait et ce qui n'est point encore trop
familier, c'est la connaissance parfaite des
qualités de ce tubercule, chose indispensable cependant pour faire de sûres préparations. Ces spéculations n'ont donc pu atteindre le degré d'élévation auquel elles aspiraient.
Comme on le pense bien, ce procédé de *l'air-
eau-flamme* mal exécuté dut être mal accueilli,
et l'on en revint aux préparations marseillaises,
qu'on avait quittées. On préféra un objet réduit

de bonté, de quintessence, mais invariable quant à sa saineté, qu'une substance qui la plupart du temps ne se retrouvait plus qu'en putréfaction complète.

Revenus plus tard sur leur premier projet qu'ils paraissaient avoir abandonné, de grandes maisons, de grands spéculateurs de Nantes et de Bordeaux y donnèrent plus d'extension qu'auparavant. Ils exécutent aujourd'hui leurs conserves dans des vases de mode, d'élégantes boîtes de fer-blanc, des verres de prix. Parmi la variété de leurs substances conservées, dans lesquelles la truffe tient un rang notoire, on remarque plusieurs mets aux truffes : galantine, poulets, gibiers désossés, dont la conserve peut être sûre et la bonté naturelle maintenue ; mais il ne peut en être de même à l'égard des truffes sans contredit, car la truffe, mêlée avec un mets cuit ou qui va l'être, doit être mise dans un état approprié aux circonstances de cuisson, et être choisie parmi des qualités éprouvées, sinon point de réussite. Quand ensuite on emploie, pour base de la conservation des viandes, l'ail, le sel, le thym, le laurier et autres aromates, la truffe mélangée parmi ces viandes et renfermée avec elles ne saurait y rester sans convertir en odeurs âcres son parfum si subtil, si flexible, si délicat.

De tous les vases à employer pour la conserve de l'air-eau-flamme, c'est la bouteille qui est le plus convenable; aussi, après de nombreux essais, s'y est-on généralement arrêté. Par leur proximité du Périgord, plutôt que d'autres provinces à truffes, les villes de Nantes et de Bordeaux les tirent toutes de cette contrée. Dans ces villes on confectionne très en grand, et l'on en manipule de très-grandes quantités à la fois. Il faut connaître la truffe, l'aimer, l'avoir étudiée, pour savoir combien il faut la soigner; le choix qu'il faut faire pour assortir ensemble celles qui ont besoin d'un même degré de cuisson; et pour vérifier une à une celles qu'on met en conserves, afin d'écarter les truffes atteintes d'un vice même léger, pour ne jamais se laisser tromper sur leur nature; puisqu'il existe des sortes qui ne peuvent se conserver de telle manière que ce soit. Mais on ne veut pas s'enquérir de tout cela : il serait du reste onéreux de le faire pour une grande opération; sacrifice qu'il serait toutefois difficile de faire

payer en raison des prix inférieurs, avec lesquels il faudrait malgré cela être toujours en
concurrence à la vente.

Dans la cuisine ordinaire, les truffes sont peu
aimées dans ce pays; comme en Périgord,
l'emploi n'y consiste qu'en petites et rebuts.

Dans l'intérieur de la France, la truffe n'est
mangée que par les grandes maisons et les no-
tabilités, et encore faut-il que le goût en ait été
importé par des personnes qui ont vécu dans
les grandes villes, où elles ont pu familièrement
la connaître. Nous ne dirons rien des diverses
méthodes privées que chaque ménage pratique
pour apprêter les truffes, plus ou moins simples,
plus ou moins lumineuses, elles n'ont rien de ce
qui émane de l'art; et quant à la masse des habitans, c'est chose tout-à-fait inconnue pour eux.

A Rouen et au Hâvre on a cultivé depuis
quelques années l'art culinaire, de manière à
y faire quelques progrès. Plusieurs marchands
s'y sont établis; plusieurs cuisiniers de Paris y
sont installés et y exercent leur art resplendis-
sant. Ils se sont hasardés de toucher aux truffes,

à cet égard on ne pourrait que les louer de leur esprit propagateur, s'ils n'étaient, de même que la plupart de ceux qui y touchent, fort inhabiles dans la préparation de cette substance. Dans ces villes, où le poisson est d'une première fraîcheur, nous ne concevons pas comment ils n'ont point encore pensé à introduire les truffes dans ses apprêts : préparation succulente, s'il en fut jamais, et digne du plus haut culte d'un gourmand.

Au nord de la France, à Lille et autres villes, on y reçoit beaucoup de ces objets préparés du Périgord : terrines, pâtés, volailles et gibier truffés, plus ou moins parfaits en qualité. Il nous semble qu'il serait plus convenable, pour les gourmands du nord, de confectionner eux-mêmes, parce qu'ils n'auraient pas à rencontrer, contrairement à leur goût, des choses fortement épicées, assaisonnées comme le sont toutes ces préparations. Il est reconnu que ce qui se mange dans ce pays est factice, que rien n'y est fin ; les marchands de comestibles n'ont pu s'y tenir aussi clinquans qu'ils le sont ailleurs. Du reste ils n'apprêtent rien ; cela est réservé aux traiteurs, gens charlatans pour la plupart.

Un jour, en réunion d'amis, nous dînions chez un fameux restaurateur de Lille ; on faisait de l'extra : nous entendîmes l'annonce d'une dinde truffée du Périgord ; cette nouvelle fut reçue avec vénération et enthousiasme par la joyeuse assemblée. Elle parut en effet ; l'hôtesse elle-même, en femme adroite, l'apportait. D'aussi loin qu'elle put se faire apercevoir : «Vous ne sentez pas, messieurs, cette odeur délirante, cette odeur pénétrante,» dit-elle ; et chacun de lever le nez pour la saisir. Messieurs, ajouta-t-elle, il vous faut du chambertin pour l'accompagner. La proposition est acceptée, et en attendant la venue du vin, on procède à la dissection de la pièce : une peau noire, plutôt bleue, recouvrait la partie qui contenait les truffes : indication non équivoque d'un trop grand état de maturité. Effectivement, sitôt que l'intérieur de la volatile fut ouvert, il s'en exhala une odeur comme de chose fermentée ou de graisse brûlée. L'assemblée continuait à exprimer sa joie : une morne tristesse s'empara de notre ame. Notre hôtesse reve-

nant avec le vin, débouche cette chère bouteille
de chambertin ; le bouchon s'échappe ; aussitôt
approchant le goulot de son nez et aspirant à
plusieurs reprises : « Oh ! messieurs, que c'est
bon ! Oh ! laissez, permettez que je sente encore ; ça vous est égal, n'est-ce pas, messieurs ?
Oh ! que c'est bon ! » Le chambertin goûté par
nous, nous prouva qu'il pouvait facilement s'accorder avec la volaille truffée du Périgord , et
nous voilà fortement contristés. Comme en
peu d'instans l'odeur presque empestée de la
volaille avait rempli la pièce du festin , nous ne
pûmes y résister davantage , et nous prîmes bien
vite congé de nos amateurs , que nous abandon-
nâmes aux libations bachiques et gargantuales
d'un si abominable goût.

Les Alsaciens, notamment les Strasbourgeois,
savent mieux connaître les truffes. Ce sont pour
la majeure partie les pâtissiers qui règlent l'art
culinaire. La bourgeoisie s'entend peu à la cuisine ; aussi en extra s'en réfère-t-elle à ces
pâtissiers. Les truffes qui arrivent en Alsace y
sont expédiées , tant fraîches que conservées ,
par les marchands de Lyon ; lesquels , par parenthèse , font avec messieurs les Alsaciens de

fort bonnes affaires. La gastronomie se trouve
toujours fort mal de toutes les combinaisons
d'argent : dans cette règle, les pâtés de foie
d'oie ne se trouvent pas exceptés. Un pâté
dans lequel on placerait assez de truffes serait
le mets le plus délicieux. Quelle que soit la supériorité des truffes qu'on emploie, faut-il encore être assez raisonnable pour en proportionner la quantité relativement à l'importance
du mets dans lequel on doit les placer : nous laissons à juger de l'effet que peuvent produire deux
ou trois truffes que ces pâtissiers mettent ordinairement en tout et pour tout dans un énorme
pâté. Ces pâtissiers, à quelques imperfections
près, savent assez combiner l'assaisonnement
des truffes. Comme chacun a l'enthousiasme de
sa profession, ils s'imaginent que la meilleure
chose aux truffes est un pâté de foie d'oie. On
connaît peu la volaille farcie ; on mange préférablement les truffes comme à Lyon. Six à huit
pâtissiers à Strasbourg confectionnent à eux
seuls ces immenses quantités de pâtés qui se
répandent sur tout le globe ; quelques-uns
d'entre eux sont fort riches. Ils disent maintenant que leur commerce est gâté, depuis que

quelques industriels, complétement étrangers à la cuisine, ont fait spéculation de faire confectionner à la grosse des pâtés, rien qu'en croûte et en farce, pour le détail des charcutiers de Paris.

L'importance d'un pâtissier fabricant de pâtés de foie est notoire; tout le monde afflue chez lui, grands et petits, roturiers et nobles seigneurs : bien souvent la tête de l'artiste, flattée par la gloire et l'intérêt, s'exalte jusqu'à sortir des justes bornes de la raison. Il arriva à l'un d'eux la singulière aventure que nous allons raconter.

Une personne de distinction de l'Allemagne vint commander à ce pâtissier, que du reste nous ne nommerons pas, un pâté de foie d'oie aux truffes d'une énorme dimension. Si notre mémoire est fidèle, six cents francs furent fixés pour le prix de ce pâté, relativement à sa grandeur apparente que cette personne indiqua, en promenant le doigt en cercle sur une très-grande table de salle à manger. Ce personnage accorda vingt-quatre heures pour en être livré, donna de fortes arrhes, et un dédit fut fixé plutôt pour commander l'exactitude du

pâtissier que pour indemniser le noble commettant.

Pour qu'on comprenne que cette commande
était réellement sérieuse, et ne devait pas sur-
pendre l'artiste, nous rappelons que chez les
Allemands un luxe de table consiste à y faire
paraître des pièces énormes; il n'est pas rare d'y
voir figurer un chevreuil cuit tout entier.

Notre pâtissier, joyeux comme on ne saurait
l'exprimer de l'ordre qu'il recevait, se mit in-
continent à l'œuvre, suspendit ses autres travaux, se pourvut aussitôt du nombre de foies
nécessaires, recruta plusieurs aides, mit vite la
main à la pâte, et commença par établir le fond
du pâté, dont on peut se figurer la grandeur en
se représensant le fond d'un tonneau ordinaire
de vin. Cela fait, et son mur croûteux de cir-
conférence posé, il emplit son pâté, le pare, le
décore, y place le couvercle, et le doré qu'il y
met lui donne déjà un coup d'œil charmant. La
nuit s'avançait comme notre pâtissier achevait
son œuvre; ah! disons-le, c'était un beau jour
de sa vie : le voilà se promenant à l'entour de
son œuvre immense, s'extasiant sur ce merveilleux ouvrage. La troupe marmitonne est

régalée de vin du Rhin. Notre chef ne se sentait pas d'aise; il regrettait que le temps ne lui permît pas de porter ce chef-d'œuvre en triomphe par toute la ville. Enfin, après quelques instans passés en copieuses libations, bien naturelles sans doute, le four est chauffé; on s'assure de sa chaleur; et puis enfin le pâté, porté par quatre des plus dignes disciples, est présenté à l'entrée du four. O effroi! ô douleur! qui commande aussitôt à la troupe trois pas en arrière, frappée d'une déchirante stupéfaction, l'entrée du four est trop étroite.... trop étroite de moitié. Malédiction, rage, désespoir! s'écrièrent-ils : nous sommes perdus! La réputation de ma vieille maison est détruite, dit le chef; tuez-moi, mes amis : je ne dois plus vivre! On essaie, mais en vain, de présenter le pâté au four sur toutes faces; mais temps perdu, tentatives inutiles! Après avoir donné aux lamentations un libre cours, arriva l'heure de la livraison. Si l'on perd le pâté, il ne faut pas perdre le client : réflexion qu'amène un temps plus calme. Le pâtissier se résigne, va trouver le seigneur, lui expose son aventure d'un air humble et fortement con-

tristé, l'indispensable bonnet de coton à la
main. Le seigneur se prit à rire à son récit,
comme un Allemand qu'il était, lui abandonna
ses arrhes, et le congédia avec ces paroles de
conséquence : *Mein her, un autre foua fou
prendre peaugoub mieux fo timensions.*

Nous avons vu à Strasbourg des pâtissiers
employer (et ils le font presque tous) la truffe
précoce du pays préférablement à de bonnes
conservées, qu'ils pourraient faire eux-mêmes,
ou qu'ils pourraient se procurer. La raison
qu'ils en donnent est l'économie qu'ils y trouvent. Ainsi tous les pâtés qui se font et se vendent en septembre, octobre et même novembre, au lieu d'être farcis de bonnes truffes, soit
du Périgord, soit du Dauphiné-Provence, ne
contiennent que de ces mauvaises truffes d'Alsace, sans goût et sans parfum. C'est le seul
cas, du reste où l'on emploie ces truffes ; si ce
n'est sur les tables d'hôte en Alsace, sur lesquelles, comme on sait, on ne tient pas toujours à servir des objets de première nature et
qualité. Crédules amateurs qui consommez sans
vous inquiéter, sans vous assurer de la qualité
de vos mets, assurez-vous des pâtés de foie

d'oie, que vous voudrez manger avant le mois de décembre.

La charcuterie est développée à Strasbourg plus que partout ailleurs : c'est aussi là qu'a commencé l'emploi de la truffe avec elle; et pour être juste et vrai, nous dirons que ce qu'on y fait en ce genre est fort passable, les combinaisons en étant bien entendues; mais il faut qu'on y fasse des réformes importantes, celle surtout de ne plus employer les truffes marinées à l'huile, totalement inalliables avec les chairs du porc qui doivent cuire.

En Poitou, en Bourgogne, en Champagne, etc., par cela même que ces provinces possèdent des truffes que les habitans croient pour le moins égales en qualité à celles des bons pays, on n'est nullement appréciateur de ces dernières, et l'on n'en mange point. Répétons ici que les truffes, tant du Poitou, de la Bourgogne et de la Champagne, sont indignes de paraître dans la cuisine du véritable amateur.

Laissons en arrière toutes ces pratiques an-ciennes, tous ces vices enracinés que la cuisine régénérée de la capitale est loin de revendiquer, laissons tous ces pays barbares abandonnés à leur entêtement nuisible, s'éloigner de la marche puissante et progressive que fait aujourd'hui la cuisine en France ; et voyons si à Paris, si fécond en lumières, on possède l'art précieux de connaître la truffe et de la préparer.

A Paris nombre de truffes y arrivent et s'y vendent, nombre de consommateurs émérites s'y trouvent ; mais ce ne sont principalement que les restaurateurs et les marchands de comestibles qui préparent en plus grande partie les pièces aux truffes. Les grandes maisons et celles de moyen ordre, qui font de l'extra, en font acheter par les préposés à leur cuisine : mais ceux-ci ne connaissant pour la plupart, en aucune manière, la méthode de les apprêter, on est obligé, ou l'on trouve plus commode, d'en revenir aux objets truffés par les marchands de comestibles, sur le savoir desquels on s'en remet pour les délices que l'on attend.

A Paris, par les années d'abondance et conséquemment de bas prix, tout le monde mange des truffes, depuis l'amateur des repas à seize sous par tête jusqu'à celui des somptueux dîners à prix d'or ; depuis le clerc d'huissier jusqu'aux plus grands fonctionnaires ; depuis le moindre bourgeois jusqu'aux bouches royales et ministérielles. Le ministère Villèle peut être considéré comme ayant jeté un cachet d'encouragement sur la consommation de cette production ; car depuis ce temps, le nombre des consommateurs s'est considérablement accru, et personne n'ignore maintenant qu'il existe une substance mangeable appelée truffe, ce dont bien des gens ne se doutaient pas du tout auparavant.

Les gens d'une certaine fortune sont cependant ceux qui en font seulement usage à leur ordinaire à Paris : ils ne dédaignent pas de s'occuper personnellement de cette partie de leur cuisine. Ils vont acheter eux-mêmes cette substance ; on les voit faire au marchand d'insinuantes questions pour s'assurer de la qualité de ce qu'ils achètent, auxquelles le marchand répond d'une manière ambiguë, et qui paraît toutefois satisfaisante aux demandeurs, qui restent convaincus de la bonté des raisons qui viennent de leur être données. Mais voyez notre amateur, toujours soupçonneux, tourner et retourner ces truffes, les sentir, les flairer dou-

blement, signaler leur faible odeur, leur odeur
fétide, leur odeur de musc; mais aussi voyez
comme à chacun de ses doutes le marchand
les lève avec aplomb, avec un langage em-
phatique. Voyez-le donc sortir d'un air ra-
dieux, emportant avec lui le précieux sac qui
contient le kilogramme de tubercule. Voyez-le
surtout arriver chez lui, rien ne le préoccupe
plus, rien ne l'inquiète autant que l'opération
qu'il va faire; car c'est lui-même qui va procéder, ne réservant à son chef ou à son cordon
bleu qu'un tout premier travail, celui du lavage. Le voilà qui manipule; la cuisinière se
croise les bras, est inactive, voit monsieur
travailler et sourit en-dessous, marmottant
qu'elle était bien aussi capable que son maître,
et que s'il fait quelque brioche, on ne la lui re-
prochera pas au moins cette fois.

En fait d'établissemens publics où l'on doit
savourer la truffe, viennent en première ligne
les restaurans de premier ordre, les réputa-
tions du genre pour les fashionables. De même
qu'ils ne peuvent être bien vêtus, si les vête-
mens ne sont pas de chez les grands faiseurs,
de même on ne peut bien manger selon eux

que dans les restaurans tels et tels. A de certaines dispositions du corps, à de certains âges, dans de certains momens, la cuisine et son art sont tout-à-fait insensibles : on mange par besoin, voilà tout. Par exemple, par une partie de chasse, de campagne, de bal, a-t-on besoin pour se restaurer de tout l'art, de tout le fini de la cuisine ? Non, sans doute. Eh bien ! ces messieurs, après des repas toujours précipitamment pris, ou après une joyeuse orgie, ne s'estiment pas moins capables d'apprécier les mets de leur repas. A tort ou à raison ils en vantent le haut mérite, et proclament partout que, hors tel lieu, il est impossible de bien vivre. Qu'on leur parle d'un restaurant moins vanté, dont la carte est moins chère, les salons moins brillans ; qu'on leur dise qu'il fait aussi bien, peut-être mieux parfois que son confrère très-élevé, ils vous prendront pour une légère fortune, pour un ignorant, ou bien pour un parasite chargé de faire la réputation de cette maison, chez laquelle l'affluence du grand monde ne va point.

Un grand restaurant, à Paris, est un objet de spéculation qui passe vite en d'autres mains dès qu'il a fait la fortune de son propriétaire. Le premier venu qui consent à payer le prix demandé en devient acquéreur, sans toutefois avoir besoin en aucune façon de connaître l'art culinaire. Ainsi le grand restaurateur à Paris ne se mêle point d'ordinaire de sa cuisine : il a un chef qui la dirige souverainement ; mais ce chef ne va jamais à la provision ; il instruit le maître de ce qu'il a besoin, et c'est celui-ci qui va à la halle, qui traite avec tous les fournisseurs, et qui se pourvoit de toutes espèces de denrées.

Nous disons ceci pour arriver à expliquer que le restaurateur ne peut avoir lui-même une connaissance exacte de l'emploi des truffes ; alors sans étude sur elles, il ne peut évidemment que se tromper à leur achat, parce que ces messieurs ne les jugent ordinairement que d'après leur beauté apparente et en raison du prix qu'on leur en fait. Ensuite le chef aurait trop à faire de préparer tous les mets : il est aidé dans ses travaux, et ceux qui travaillent sous ses ordres n'ont point ses lumières. Ainsi il arrive qu'ils font cuire les truffes émincées aussi long-temps que les truffes entières, les truffes qui doivent être mises dans un objet cuit

point assez par avance relativement au temps
que doit prendre la cuisson de l'objet confectionné; enfin ils laissent rencontrer l'imperfec-
tion, aux truffes qui se mangent seules, d'être
delavées, parce qu'elles n'auront pas été nourries convenablement. L'assaisonnement des
truffes est totalement imparfait. Obligés de satisfaire à tous les goûts, les restaurateurs assaisonnent faiblement tous les mets, et appliquent ce système aux truffes. Mais si l'on peut
sur table assaisonner un mets qui ne l'est point
assez, il n'en saurait être de même à l'égard des
truffes, qui demandent à être relevées en cuisant. Les truffes, pour être bonnes, doivent essentiellement être cuites à point, assaisonnées
de même; et voilà deux points sur lesquels les
restaurateurs pèchent sensiblement. Quantité
d'autres légères imperfections fourmillent dans
les apprêts de la truffe faits par le restaurateur, ce qui n'existerait pas s'il était éclairé,
ou s'il sentait l'importance de faire apporter
plus d'attention à l'exécution assez difficile
de cette partie de son art.

Le café-restaurant est cuisinier le matin, ca-
fetier le soir; ceux de premier ordre, et chez

lesquels se mangent assez ordinairement les truffes, sont devenus tout-à-fait restaurateurs sans cesser d'être limonadiers. Ces établissemens se font remarquer par l'attention, les petits soins qu'ils apportent à la préparation de tous les petits mets qu'ils servent aux déjeuners, et pour lesquels on ne peut s'empêcher de leur reconnaître une évidente supériorité. Leurs cuisiniers travaillent profondément, stimulés qu'ils sont par des éloges toujours assez mérités, qu'ils reçoivent de l'amateur lumineux. Nous sommes certains que s'il advient une grande célébrité culinaire, un homme de génie, il aura certainement fait ses premières armes dans l'atelier du café-restaurant.

Cependant comme le restaurateur, le café-restaurant laisse échapper de grandes imperfections dans l'apprêt des truffes; soit qu'il considère cette substance comme chose fort auxiliaire, fort peu importante, soit qu'encore une fois il ne veuille pas se donner la peine de se rendre compte de la valeur de cette substance relativement à la confection, sa règle générale est de se borner seulement à ménager à la truffe une cuisson modérée, mais point assez suffisante ; et de même que le restaurateur, il est sans calcul sur son assaisonnement. La truffe en hors-d'œuvre ne se sert point encore assez ordinairement, par la difficulté où l'on est de saisir les choses avec lesquelles on pourrait la présenter. Partie délicieuse et importante cependant d'un gracieux déjeuner que les hors-d'œuvre, inventés sans doute pour ouvrir l'appétit, pour prédisposer à la digestion ; merveilleux effets que les truffes développeraient parfaitement. Il serait à désirer que le café-restaurant rendît plus fréquens les hors-d'œuvre à la truffe.

Ces reproches peuvent s'appliquer aussi au pâtissier de Paris, quoiqu'il fasse peu usage des truffes. Ceux qui veulent faire quelques pâtés aux truffes ne les vendent que difficilement depuis que les pâtés de Strasbourg sont devenus si ordinaires et à la portée de toutes les bourses. Du reste, les grandes maisons font elles-mêmes les pâtisseries aux truffes, qui jusqu'à présent ne sont pas très-diversifiées dans les sortes : elles consistent seulement en confection de pâtés à la viande. La profession de pâtissier n'a donc rien qui note dans l'apprêt des truffes.

En pâtisserie comme en cuisine de restaurant, on n'est pas exact à établir les degrés d'assaisonnement et de cuisson des truffes. Les pâtissiers se bornent à placer tout simplement les truffes crues dans la construction de leur pâté. Ces truffes ainsi administrées ne cuisent point assez, donnent peu de saveur et point d'effet. Quelle erreur, par exemple en vol au vent, de considérer les truffes à l'égal du champignon pour les faire simultanément cuire, comme si la cuisson devait être la même pour l'un comme pour l'autre tubercule !

Cependant il existe d'excellens pâtissiers, qui ont à cœur la prospérité, la perfection de leur art, qui travaillent sans relâche à obtenir les plus satisfaisans résultats; mais l'application de la truffe aux confections de leur travail est presque délaissée par eux. A l'occasion d'en employer, ils se laissent aller à de vieux usages.

Rien n'est benin à l'achat du tubercule comme le pâtissier; pour un marchand de truffes, c'est sa meilleure pratique : il paie tout ce qu'on lui demande, pourvu qu'on lui donne de belles truffes; et pour la qualité, il ne suppose pas qu'elle puisse y manquer.

Depuis quelques années il est venu à Paris des Anglais qui ont formé des établissemens de pâtisserie et de restaurant à l'instar de ceux d'Angleterre. Certes, on doit croire qu'ils n'ont pu de leur pays, encore barbare en cuisine, nous importer de bons procédés de leur invention; aussi se sont-ils attachés à amalgamer pour ainsi dire notre genre et le leur. Doivent-ils servir un Anglais, c'est le *nec plus ultrà* de la cuisine française qu'on promet lui donner; est-ce un Français bizarre et original dans ses goûts, on lui fera comprendre qu'on lui sert le sublime des préparations anglaises. De cette manière la pratique est toujours servie à souhait. S'il est une contrée en Angleterre qui produit des hommes d'un caractère tel que celui des habitans de la Gascogne en France, à coup sûr ces industriels en arrivent en droite ligne, bien qu'il soit évidemment reconnu qu'il y a des Gascons partout.

Si notre pâtissier indigène est simple, celui-là est très-raisonneur et tranche du grand seigneur. Les truffes sont accommodées par lui, comme s'il en avait fait une savante étude, et Dieu sait s'il y connaît quelque chose. Les préparations auxquelles on ne procède en France qu'en hésitant sont sabrées par lui avec assurance. Si notre pâtissier français hésite dans les procédés qu'il emploie, vous voyez l'artiste anglais manipuler à tous caprices , et répandre à tort et à travers, sur tout ce qui contient les truffes , une profusion d'ingrédiens corrosifs , qui les abîment, les brûlent ou les asphyxient.

Ces établissemens, du reste heureusement peu nombreux , ne font pas appréhender qu'ils deviennent importans, ou que quelque indigène soit tenté de calquer leur genre et de monter des établissemens rivaux des leurs ; nous n'en aurions point parlé , si , d'après le plan de notre livre , nous ne nous étions pas imposés de toucher à tout ce qui a rapport à notre titre principal DE LA TRUFFE.

Une profession culinaire , qui de nos jours court rapidement à la civilisation aux dépens toutefois de l'excellence de l'art , et qui embrasse maintenant plusieurs branches d'industries mangeantes, c'est la charcuterie : elle s'est emparée des truffes , et c'est elle qui aujourd'hui satisfait le plus grand nombre de bourses et de désirs, qui occupe la plus grande place dans la gastronomie par le juste milieu qu'elle tient entre l'homme riche et le prolétaire.

Il y a vingt-cinq à trente ans qu'il n'existait à Paris que quelques charcutiers, qui se bornaient à ne s'occuper que des détails relatifs au déchirage du cochon, à sa salaison, et qui n'avaient d'autre science que celle de faire du boudin et du saucisson. Le jambon cuit se détaillait sans être préparatoirement désossé, comme on le fait aujourd'hui. On sortait d'un baquet pour les livrer aux acheteurs des morceaux de porc, où ils étaient en conserves de salaisons, comme on le fait encore aujourd'hui dans les campagnes.

Cependant la charcuterie était depuis longtemps avancée et développée dans plusieurs villes de France; Lyon, Strasbourg, Bayonne avaient fait d'étonnans progrès. L'Italie et la Hollande avaient aussi révélé de succulentes préparations.

Mais nulle part on ne s'était occupé de l'emploi des truffes dans la charcuterie. Un ou deux charcutiers vinrent transplanter quelques innovations au temps des prospérités gastronomiques de l'empire ; depuis et insensiblement ils ont multiplié les détails de leur viande ; et seulement depuis dix à douze ans ils y ont fait intervenir la truffe, sur laquelle ils gagnent énormément d'argent.

Aussi, aujourd'hui leur étalage présente-t-il quantité de préparations aux truffes, pâtés, terrines, volailles, et pièces de charcuterie de toutes sortes. Tous ces objets ont une jolie tournure et paraissent de première bonté ; cependant si l'œil est satisfait, il n'en saurait être de même du goût ; car il y a encore tout à reprendre sur l'exécution et les procédés mis par eux en usage. En effet, à Paris, de toutes les professions qui emploient les truffes, celle du charcutier est la plus en arrière en connaissances et en appréciation. Ces opérateurs n'ont nul égard et n'apportent nulle attention à la qualité, à l'assaisonnement et à la cuisson des truffes. Ils ne tiennent qu'à une chose, c'est de faire paraître des places noires pour indiquer la présence du tubercule, selon le propre dire de l'immense quantité d'entre eux, notamment des principaux : principe que nous laissons qualifier au gourmand.

Parmi leurs confections aux truffes viennent en première ligne les pieds de cochon. Cette préparation fut la première qui apparut avec les truffes dans la charcuterie. Elle serait parfaite, si l'on avait su comprendre que les truffes veulent avec elles les mélanges les plus délicats, les combinaisons les plus sages , et c'est ce qui n'existe pas dans la confection du pied de cochon farci. Parmi une certaine quantité de chairs à saucisses épicées sont mélangées les chairs d'à peine un demi-pied seulement; on donne à cet ensemble une forme plate et allongée ; on place à la superficie d'un de ses côtés seulement des lames très-minces de truffes crues, et on enveloppe le tout avec de la coëffe de cochon. C'est ce côté des pieds où se trouvent les truffes que les charcutiers ont soin de mettre en évidence à l'étalage de leur boutique. Cette composition se fait cuire sur le gril ordinairement; le feu , comme on le pense , frappe les truffes tout d'abord, les brûle bien avant même d'avoir cuit les chairs. Il est évident que le résultat gourmand que l'on attend de la truffe, dans cette préparation, est tout-à-fait nul.

Cependant, chose incroyable! on ne leur en fait aucun reproche; et s'il faut en donner une raison, nous croyons l'avoir trouvée en ceci : c'est que la clientelle du charcutier, qui est, comme on sait, le restaurateur du peuple, étant indifférente au goût des truffes, ne tient alors pas à avoir le tubercule dans toute l'étendue de sa saveur.

Pourtant, c'est une bien bonne chose qu'un pied de cochon artistement farci. Il était un charcutier, un seul à Paris, qui excellait parfaitement en cette confection. Cet homme perfectionnait constamment tout ce qu'il confectionnait chez lui, et, sa vente dût-elle en souffrir, il ne tenait pas à ce que les choses ne fussent agréables qu'à l'œil ; il avait à cœur que tout fût généralement bon : c'était le seul qui connaissait l'assaisonnement des truffes ; aussi s'en servait-il admirablement bien dans les pieds. Il avait éloigné la grossière chair à saucisse de ses confrères; il prenait réellement un pied de cochon qu'il désossait, qu'il entourait d'une farce faite avec des blancs de volaille, de pistaches et de truffes coupées en carrés. Les truffes n'étaient point mises à la superficie; au contraire, elles étaient soigneusement placées à l'intérieur, et il recouvrait la coëffe-enveloppe de mie de pain, ce qui garantissait les viandes de la brûlure en cuisant. Le pied de cochon ainsi confectionné est d'une succulence, est d'une délicatesse et d'un goût parfait. Cet homme a gagné par ce seul article beaucoup d'argent. La vente qu'il en faisait était de plusieurs milliers par année. Il n'avait point l'orgueil ni l'entêtement de ses confrères; aussi ne dédaignait-il pas d'écouter et de mettre à profit tous les conseils. Il ne présentait au consommateur que des choses éprouvées et reconnues bonnes. Les inventions nouvelles ne le tentaient point, si leur résultat n'était pas sûr : aussi dans le doute ne se servit-il jamais de la bouteille pour conserver les truffes, parce qu'il ne connaissait pas assez les chances de ce procédé.

Cet homme ne travaille malheureusement plus pour le bonheur des gourmands; il a quitté son établissement. Il serait à désirer qu'il eût transmis en même temps ses procédés à son successeur; mais quand cela serait, chacun apportant à son industrie sa combinaison propre, il est rare qu'en communiquant un procédé il passe tout entier et pur dans les mains de celui à qui l'inventeur le cède.

En jetant au hasard un coup d'œil sur les autres préparations des charcutiers, on trouve les mêmes combinaisons vicieuses des autres professions gourmandes. Leur principe est de ne jamais éplucher les truffes, et de les considérer toutes également bonnes, lorsqu'elles sont fermes ; quoiqu'il y en ait parmi elles de certaines qu'il faut écarter prudemment. Ils n'emploient d'ordinaire aucun assaisonnement, aucune cuisson préparatoire ; c'est crues et seulement brossées qu'ils jettent indifféremment ces truffes et dans la galantine, et dans les saucisses, et dans les saucissons, etc.

Depuis plusieurs années, les charcutiers se sont mis à tenir plusieurs pièces de pâtisserie, et notamment à détailler les pâtés de foie d'oie aux truffes de Strasbourg ; mais le bas prix qu'il veulent payer ces derniers a donné naissance à une détérioration dans la confection de ces pâtés. Ils leur sont vendus à Paris à fort bon marché, il est vrai, mais aussi sont-ils de qualités fort inférieures. Ces pâtés ont la croûte très-épaisse , n'ont dans l'intérieur qu'une très-petite quantité de foie et de truffes, et le surplus est une composition de farce d'un très-mauvais goût. S'ils ne voulaient point gagner autant qu'ils le font sur un pâté (six à sept francs sur une valeur de douze), ils pourraient donner du bon, tout en ayant encore un bénifice raisonnable.

Les charcutiers font aussi des conserves de truffes ; mais ils réussissent rarement en préparations , en raison des qualités inférieures qu'ils emploient et du peu de connaissance qu'ils ont de la manutention. C'est au saindoux qu'ils conservent le plus souvent. Nous en avons vus, et ceux-ci étaient fort naïfs sans doute, placer leurs truffes dans des bouteilles; ils les remplissaient de saindoux ; ils les bouchaient hermétiquement , et les faisaient cuire ensuite au bain marie. Il était risible de voir celui qui avait fait cette découverte dire qu'il était impossible que les truffes se gâtassent ainsi confectionnées.

Pour faire de bonnes conserves , il faut indispensablement connaître les truffes et ne point être économe dans les frais de manutention : il faut tout ce qu'il faut ; on ne doit rien épargner, et le charcutier n'a aucun de ces principes. Ainsi, qu'il ne s'étonne donc plus de ne pas réussir ses conserves, puisque indépendamment pour cette destination, il n'achète que des truffes inférieures et du plus vil prix.

Aujourd'hui que le charcutier fait dériver sa profession première, il serait nécessaire qu'il apprît un peu la cuisine, afin de pouvoir mélanger sûrement et non au hasard les substances, et ménager entre elles une harmonie gourmande, sans quoi rien de ce qu'il fera ne pourra jamais arriver à être bon et délicat. Nous lui recommandons, en réforme principale, d'éloigner de sa boutique ces exhalaisons fétides causées par la malpropre tenue de sa cuisine, car, grand Dieu ! quelle bauge infecte que le laboratoire d'encore presque tous les charcutiers ! C'est à faire soulever le cœur du mangeur le plus grossier.

Le marchand de comestibles est une profession devenue de nos jours à Paris assez ordinaire. Ils sont en assez grand nombre ; mais ce ne sont que les principaux qui débitent l'hiver la truffe d'une façon marquante, et qui en font emploi : c'est donc attentivement que nous allons analyser ces établissemens.

Le marchand de comestibles autrefois se bornait à recevoir et à vendre tous les produits gastronomiques du monde ; il devint célèbre et brillant. Il laissait à d'autres, à des mains plus éclairées sans doute, le soin d'apprêter les produits qu'on tirait de son magasin. Aussi n'avait-il chez lui ni fourneaux, ni cuisiniers. Il était commerçant, comme le sont encore aujourd'hui tous ceux qui ne sont point à Paris : tels qu'on en voit dans les grands ports de mer de France, dans quelques grandes villes de l'intérieur, et enfin à l'étranger, à Londres, Naples, Gênes, Hambourg, Bruxelles, Berlin, Saint-Pétersbourg, New-Yorck et autres. Ces établissemens se bornent à être commerçans extracteurs, et n'embrassent point la pratique de l'art culinaire.

On conçoit qu'un tel monopole doit éprouver des échecs, des révolutions, et que dans les villes de consommation celui qui tient un tel établissement est sujet à de grandes pertes, lorsque son débouché n'est que dans la ville même, parce que le caprice ou la mode, à laquelle il ne peut se soustraire, lui occasione des méventes. Les grands magasins y suppléent par la cherté des objets qu'ils vendent : aussi n'y a-t-il que les grands établissemens, à haute clientelle, qui puissent faire leurs affaires; ceux du moyen ordre ont senti cette difficulté ; ils ont été obligés pour se conserver de disséminer leurs produits, d'en morceler l'entier, afin de les mettre à la portée de toutes les bourses ; et pour ne pas perdre, de préparer des objets avancés pour les vendre conservés au lieu de frais. Voilà ce qui a donné naissance à tout ce gâchis, à tout ce tripotage qui existe aujourd'hui, pour les plus merveilleuses productions, dans cette industrie.

Leurs connaissances sur les truffes sont peu étendues; ils ne possèdent en analyse *qu'un savoir faire l'article*, narré charlatanique, historique et romantique, prêt à être fait à chaque acheteur qui leur fait quelque objection. Comme nous venons de le dire, les objets qui ne se trouvent pas vendus au bout d'un certain temps sont décomposés pour être travaillés d'une autre manière, afin d'en prévenir la perte.

Ainsi, par exemple, quelle saveur et bon goût peut-on s'attendre à trouver à une truffe placée dans une galantine, quand cette même truffe aura séjourné huit à dix jours auparavant dans l'intérieur d'une volaille? et que sera-ce encore si la galantine ne se vend point assez vite? Ces truffes et ces galantines seront métamorphosées cette troisième fois en pâtés en terrines, qu'ils annonceront pompeusement sous le titre de *pâtés de Périgueux ou terrines de Nérac.*

Les volailles truffées qu'ils confectionnent se sentent de ce principe. Il est curieux de connaître les choses qui président à la confection. Une énorme quantité de lard pilé est ramassée dans l'intérieur de la pièce, de manière à repousser, contre la peau de la gorge habilement retroussée, le peu de truffes qu'ils mettent dans la pièce; ces truffes sont épluchées, et les épluchures entrent dans une espèce de farce, qu'ils joignent avec le tout. Les truffes ne sont que très-faiblement cuites et épicées. On a vu, d'après ce que nous avons dit, quel intérêt est pour eux de ne point les faire trop cuire dans la crainte d'avoir à redécomposer les objets. A

considérer aux étalages des magasins la gracieuse apparence de toutes les volailles truffées , et dont la gorge avec élégance paraît
rebondir de truffes , on ne s'imagine certainement pas que ce coup d'œil changera , lorsque
la main dissectrice les aura opérées pour en
distribuer les morceaux aux convives pleins
d'impatience et d'anxiété.

Tout se ressemble assez à Paris : on flatte l'œil
par une précision , une contexture d'extérieur
admirable des objets présentés à la vente , sans
être trop scrupuleux sur les qualités intérieures,
et sans appréhender qu'un palais délicat ne
soit pas complétement satisfait.

Les marchands de comestibles n'aiment point
à s'approvisionner ; ils voudraient pouvoir aller
au jour le jour : aussi subissent-ils les variations
de prix qui surviennent dans l'article, et il arrive qu'aux momens de rareté , ils sont obligés
de tomber sur toute espèce de marchandise.
Si nous avons vu les marchands lyonnais considérer une truffe, au point de conserver celles
en pourriture, le marchand de comestibles
de Paris a sur ce point des principes qui sans
approcher de ceux aussi pernicieux des Lyon-

nais, ne sont pas moins nuisibles à la perfection :
ils emploient tout, ne rebutent rien, et croi-
raient faire une grande perte en rejetant une
truffe qu'ils rencontreraient musquée ou inférieure ; enfin quelques-uns ont une si petite
idée de ce qu'ils emploient, que pour utiliser
les épluchures, ils les mettent dans du boudin, des saucisses, qu'ils vendent encore un
bon prix, et qu'ils intitulent boudins, saucisses truffés.

Toutes les autres productions, auxquelles les
marchands de comestibles appliquent les truffes, sont à l'infini. Ils créent sans règle ; ils
n'ont aucunes bases, aucuns essais éprouvés, et
n'exécutent que par routine. Le marchand de
comestibles devrait nécessairement cesser d'être
cuisinier ; il devrait seulement s'appliquer à ne
revendre les productions gourmandes que pri-
mitives et naturelles, et sans y avoir touché,
ce qui le mènerait à mieux connaître tous les
produits de son commerce ; il n'offrirait au consommateur que des choses d'une bonté intacte,
que n'aurait pas aliéné l'administration d'un
art équivoquement connu de lui. Son intérêt
et sa gloire y gagneraient ; car sa valeur, sa

renommée s'agrandiraient sensiblement, et à juste titre dans ce cas.

Il est des gens qui, sans être marchands de comestibles, débitent à Paris certains produits gourmands ; ils se disent ordinairement de la Provence ou du Périgord, et établissent leur domicile dans un quartier habité par la classe aisée. Ils se placent en face d'une maison de commerce renommée d'objets pour les dames, tels que marchands de nouveautés et autres ; les uns près des congrégations, des séminaires, des couvens ; les autres près d'autres marchands de comestibles. Ils s'annoncent ordinairement pour vendre les récoltes de leurs propriétés ; et Dieu sait s'ils en possèdent, les pauvres diables ! Ils font des annonces nombreuses dans tous les journaux, où ils font part de la complaisance extrême qu'ils ont d'apporter au bon Parisien : *l'huile vierge d'Aix, produit du suc merveilleux des olives du beau ciel de la Provence ; le miel fait par les abeilles ; les truffes délicieuses garanties ; les volailles du Périgord ; l'eau de fleur d'orange quintuple de Malte*, etc. Ils offrent tous ces produits à un tiers au-dessous du cours ; malgré cela, comme tout ce qu'ils vendent, ils l'achètent sur la place, toute cette marchandise étant de rebut pour la plupart, ils y font encore un fameux bénéfice. Ces annonces leur amènent nombre de pratiques, de grands personnages qui, étrillés par les marchands de comestibles, croient trouver la pierre philosophale en fait de bon marché. La cuisinière et le chef sont les créatures antipathiques de ces industriels; car ces artistes les dénigrent avec juste raison à leurs trop confians maîtres, qui les gourmandent de ce qu'avant qu'ils eussent fait la précieuse découverte de l'industriel en question, ils leur faisaient payer bien plus cher tout ce qu'ils leur achetaient en ce genre de productions.

Ces individus ont l'accent très-prononcé des lieux auxquels ils appartiennent. A ce qu'ils disent, ils possèdent tous la plus brillante éducation: à les entendre, les uns ont fait leur droit; les autres ont appris la médecine; quelques-uns ont reçu les ordres sacrés, ont été officiers dans l'armée; enfin d'autres ont été professeurs dans quelques grands colléges. Malgré l'élocution brillante et facile qu'aurait dû leur donner une de ces éducations superbes, ils s'expriment avec difficulté ; ils n'aiment point rencontrer des personnes qui leur font des observations, tâchent de convaincre le client par une parole tranchante, presque malhonnête ; et pour donner plus de prix à leur marchandise, elle est toujours, disent-ils, à prendre ou à laisser. Pour peu qu'on soit disposé à les écouter, ils vous font l'histoire chronologique de tout ce qu'ils vendent. Ils disent connaître intimement et fournir tous les magistrats, préfets, sous-préfets, curés et vicaires, tous les hauts employés, tous les gens titrés, tous ceux de haute condition, et ont avec cela pour leurs plus intimes amis tous les députés, ministres, pairs, etc.

Les truffes n'ont point été oubliées dans la nomenclature des articles que tient cette classe de marchands. Il y avait trop à dire, trop à pérorer sur cette production bizarre, pour qu'elle ait été par eux laissée en arrière. Nous nous abstiendrons d'analyser l'excellence des confections qu'ils débitent, parce que de bonne foi elles ne sont point analysables ; elles sont tout-à-fait hors de la classification des plus médiocres, des plus ordinaires, et il serait à désirer qu'il n'en parût jamais. Dans un manoir assez peu propre, sans aucun digne ustensile, est confectionnée la volaille *récemment arrivée du Périgord*. L'huile nouvelle vierge d'Aix est pour la plupart de Port-Maurice ou de quelque contrée de la Provence ; les truffes du Périgord, *garanties*, ne sont autres que des truffes du premier canton venu ; les pâtés de thon, sardines à l'huile, et autres conserves, que des articles de pacotille. Ces individus vont offrir leurs services dans les classes les plus élevées : ils réussissent à vendre par leurs bonnes manières ; mais par maheur ils ont de fréquens revers de médaille : lorsque *la bonne qualité* de leur marchandise a été reconnue, ils sont, on n'en doute pas, promptement éconduits.

Pour vous, gourmets, qui que vous soyez, experts ou non, n'approchez point de ces pompeuses annonces, de ces offres magnifiques ; elles sont décevantes et traîtresses presque toujours.

Copiant ces industriels, des conducteurs de diligences et des commissionnaires de courrier, qui vendent ordinairement des truffes, se sont mis à prendre le même genre ; mais ceux-ci

16

sont plus maladroits que les autres, ont l'assurance de l'ignorant, et sont d'autant plus nuisibles au monde gourmand, qu'ils répandent dans la classe des marchands qui confectionnent les truffes, tels que les charcutiers, les marchands de volaille, etc., les plus pernicieux moyens de préparation, n'en sachant pas davantage. Nous souhaitons bien vivement, dans l'intérêt du gourmand, que ces gens-là se déterminent enfin à rester dans leur métier, et que dès lors ils se contentent de rendre à domicile les paquets de la malle-poste ou des messageries, en leur qualité de porteurs de ces établissemens.

Certains fruitiers, certains marchands de volaille tiennent dans l'hiver seulement des truffes fraîches, qu'ils revendent instantanément aux cuisinières dans les marchés publics. Ils ne sont point connaisseurs et ne tiennent les truffes que parce que cet article leur est demandé; ils achètent à Paris. Les marchands de volaille sont très-modestes : ils ne font point du tout les experts; ils ont à cœur d'avoir de la belle et bonne marchandise; les fruitiers, au contraire, font les raisonneurs, paraissent tout savoir, et au demeurant se laissent tromper sur la qualité de cet article. Ces marchands cependant se bornant à revendre les truffes comme ils les achètent, l'acheteur est à même de voir ce qu'il prend : c'est surtout lorsqu'il gèle ou qu'il fait chaud qu'il doit y faire attention, parce que lorsque la marchandise est grosse, belle, elle est toujours achetée par ces revendeurs ; peu importe qu'elle soit bonne ou mauvaise, puisque sa belle apparence la rend vendable.

Les fruitiers (nous entendons parler des principaux seulement) s'attachent à conserver les truffes pour la vente de l'été : ils en conservent à l'huile, au saindoux, mais principalement en bouteilles. Ils achètent à cet effet des truffes tantôt d'un côté, tantôt d'un autre ; le principe du bon marché préside toujours à l'esprit de leurs achats. Nous avons dit qu'ils ne connaissaient pas les truffes, et il faut voir cependant avec quel ton d'assurance ils signalent des défauts à la marchandise qui leur est proposée, quelle qu'elle soit, à tort ou à raison. Un langage peu convenant fait qu'on leur conserve rancune, et que les colporteurs ne leur présentent que du rebut. Aussi, les truffes vieilles, mélangées de fa-

mille, avancées de goût, leur sont-elles réservées; pour peu qu'elles flattent la vue, ils ne s'en
aperçoivent point. Après avoir acheté leurs truffes, ils les placent en montre sur leur boutique,
les y laissent pendant plusieurs jours, et lorsqu'elles sont prêtes à s'avancer, ils les mettent
dans de l'eau tiède, les font brosser, puis sécher,
les laissent promener chez eux çà et là pendant encore quelques jours, puis après ils les
épluchent machinalement. Cette opération leur
prend beaucoup de temps, parce qu'ils la quit-
tent pour faire leurs affaires ordinaires, servir
la pratique qui entre, ou porter en ville. Ensuite à l'occasion, par ci par là, ils placent ces
truffes en bouteilles; il arrive souvent que les
bouteilles sont pleines, bouchées, et qu'ils les
laissent ainsi quelques jours avant de les faire
cuire. Il advient que leurs truffes ont séché, ou
sont d'un goût tout-à-fait nul; si elles ne se
trouvent en putréfaction...... Nous arrêtons
là cette description.

Les cuisiniers des princes, des ambassadeurs,
et certains grands cuisiniers anglais de grands
seigneurs anglais à Paris, cherchent, à qui mieux
mieux, les différens moyens de perfectionner

l'art culinaire. On les voit partout, aux halles, aux marchés, chez les fournisseurs; ils raisonnent de manière à faire penser qu'ils ne sont pas dans leur sphère en étant cuisiniers, et qu'ils sont plutôt capables de faire quelque autre chose de plus grand, de plus noble; ils ont l'habitude de s'exprimer brièvement : C'est bon. — Ça ne vaut rien. — Ça ne me convient pas. — Il me faut tout ce qu'il y a de mieux. — Nous avons aujourd'hui lord ***, M. le ministre ***, M. l'ambassadeur ***. — Oser me proposer une telle marchandise! vous ne savez point à qui vous parlez. — Je ne cherche pas le bon marché; voilà des pièces de vingt francs *en or* pour vous payer. — Ils sont connus, ces messieurs, de tous les fournisseurs, et quoiqu'ils pensent être bien traités en vantant hautement leurs connaissances, comptant avoir tout ce qu'il y a de beau et de bon, ils n'en paient pas moins assez souvent horriblement cher de la marchandise fort ordinaire. Croirait-on que la rigidité qu'ils manifestent pour le choix de ce qu'ils achètent fait croire à leurs fournisseurs que les cuisiniers anglais sont innovateurs en cuisine; on serait même tenté de croire, d'après le raisonnement de cette espèce de connaisseurs, que ce sont eux qui nous donnent des leçons de perfectionnement : on juge peut-être ces messieurs sur l'apparence, et comme le marchand ne voit dans tout cela que la pratique, il s'imagine volontiers que ces messieurs nous sont supérieurs, et le décor y fait encore beaucoup; ordinairement vêtus comme les seigneurs leurs maîtres, ils y ajoutent leurs airs de grandeur et de fierté, qu'ils copient très-bien. Dieu merci! personne n'a besoin de notre voix pour reconnaître leur incapacité : ils sont encore loin d'égaler les cuisiniers français, qui ont été du reste leurs professeurs. Toutefois, nous le demandons, sur quoi pourrait s'exercer le cuisinier pour faire ses études en Angleterre, pays affreux pour la gourmandise, puisque ce sol ingrat n'y peut rien produire, et que l'homme riche, tout en y payant à prix d'or toutes les substances exotiques, ne peut encore les obtenir que détériorées?

Disons cependant que ces cuisiniers anglais s'instruisent assez par leurs rapports avec nos cuisiniers de France, et ils finissent par se rejeter dans nos systèmes, quoiqu'il leur soit difficile d'acquérir l'aptitude de diriger la préparation d'un mets fin et délicat. Leurs méthodes pour employer les truffes sont fort simples; ils n'y tentent point de perfection. Ils les préfèrent plutôt crues que cuites, ne rencontrant probablement pas, dans les bouches qui les mangent, des connaissances assez distinguées pour leur faire quelques objections. Nous en avons vu un qui était tout fier d'avoir obtenu une recette dont il se servait pour conserver les truffes. Il plaçait les truffes brossées seulement dans des boîtes de fer-blanc avec du bouillon de viande, quantité de thym, de laurier, de fortes épices et une masse de sel; les boîtes étant fermées hermétiquement, étaient mises cuire au bain-marie une demi-heure. Une fois les boîtes ouvertes, les truffes qui en étaient retirées n'avaient plus de parfum; elles ne respiraient que les odeurs qu'on y avait placées, et n'étaient point du tout mangeables. Nous n'avons jamais pu lui faire comprendre que le parfum des truffes renfermées de cette manière, avec nombre d'aromates, était neutralisé par le goût âcre de ces odeurs qui y étaient avec elles restées privées d'air.

Les méthodes suivies par les grands cuisiniers français sont diverses et controversées ; elles n'ont point de généralité : quelques-uns soutiennent l'emploi de l'huile comme préférable, d'autres le saindoux, d'autres le beurre, d'autres le vin, et chacun soutient sa méthode comme supérieure et la seule bonne à suivre. Mais dans ces discussions scientifiques, c'est toujours le gastronome, le consommateur qui est victime de l'entêtement de ces sortes de savans, qui refusent tous les moyens de s'éclairer, à cheval qu'ils sont sur leurs absurdes méthodes qu'on ne peut déraciner de leur cerveau. Que de truffes préparées par des mains inhabiles et avec beaucoup de défaut, furent vantées, célébrées, renommées par les convives ! Qu'eût-ce donc été, si l'apprêt de ces truffes eût été parfait et bien combiné !......

Le cuisinier français a le défaut de ne point s'appliquer à étudier les truffes ; il manque essentiellement sur ce point. Nous pensons qu'il lui serait encore fort dificile de distinguer les bonnes espèces, chose indispensable cependant, s'il tient à faire des objets soignés : il est encore dans une insouciance complète sur son application avec le poisson d'eau douce, et il est bien difficile de le décider à se servir des truffes isolées, surtout en sauce. Pourtant il faut lui rendre justice : quant à la cuisine il la connaît parfaitement, l'administre à merveille, et y est sublime à tous égards. Il doit s'appliquer néanmoins à ne point sacrifier l'excellence de ses mets à leur belle apparence, leur bonté à leur beau décor; il faut les choses cuites à point, quelles qu'en soient les conséquences extérieures, et ne jamais penser que les substances placées pour décorer les mets soient capables de les parfumer; on en doit donc dans ce cas ménager une assez nombreuse innoculation, et se rappeler que relativement aux truffes, pour être bonnes, elles ne demandent point à être coupées en trop de morceaux, afin de ne point affaiblir ses chairs. Elles ne doivent point avoir de cuisson imparfaite; il les faut au contraire cuites convenablement. Aussi lorsqu'elles sont employées en forme d'auxiliaire, les cuisiniers doivent-ils se bien assurer qu'elles obtiendront un parfait dégré de cuisson, mêlées avec d'autres substances dans lesquelles elles doivent achever de cuire : ce n'est pas que tout cela soit difficile à saisir, à exécuter; mais le cuisinier n'attachant pas à ce tubercule toute l'importance qu'il mérite, ces détails ne lui paraissent point utiles à observer, et il continue à suivre les systèmes ordinaires et presque généraux sans s'attacher à en réformer les vices.

Il y a long-temps que l'art de la cuisine est constitué, qu'il a ses règles, ses lois, et qu'il est reconnu comme ayant jeté peut-être tout l'éclat possible, imaginable, et cependant il s'était constamment écarté d'embrasser ce tubercule d'une connaissance non moins ancienne. Sans remonter à des temps très-reculés, nous le voyons aux dix-septième et dix-huitième siècles, être considéré et pris comme substance médicinale irritante et échauffante. Elle était considérée aussi pour pousser à l'ardeur des plaisirs charnels, et choisi par les vieillards qui en mangeaient très-ordinairement. Rarement, presque jamais, elle était employée comme aliment de luxe. Au commencement du 18ᵉ siècle, pendant et à la fin du règne de Louis XV, on en a extrait de la terre des quantités, et nous ignorons quelles sont les âmes charitables, qui les premières ont essayé à cette époque d'en faire des essais à la cuisine. On le concevra: ces essais ne furent pas brillans; il fallait, en effet, avoir fait de cette substance une étude bien approfondie pour arriver, comme aujourd'hui, à en faire exhaler le sublime suc qui paraît fade au premier abord; mais heureusement ces premiers essais rencontrèrent des palais sensuels et délicats, qui sentirent tout ce qu'on pouvait tirer de cette première exhalaison, et qui n'en laissèrent pas tomber la découverte dans les ténèbres. Effectivement, nous voyons dans les époques d'alors que d'immenses cargaisons, d'immenses chargemens se répandirent dans les principales villes de France, et que les truffes furent recherchées avec avidité, et goûtées avec plaisir. On les salait et poivrait seulement pour les manger crues ou peu cuites sous la cendre, ou mêlées tout simplement avec de l'huile; voilà quel était alors leur seul assaisonnement. Des mains non moins célèbres imaginèrent peu après de les employer pour parfumer certaines confections

réputées, comme la dinde farcie et le pâté.
La révolution vint : elles furent oubliées, comme
la cuisine d'alors ; temps de stupeur générale
peu propre à exciter des excès gastronomiques ; mais ces temps de crise passés, elles
furent reprises avec plus de force, et l'on s'in-
quiéta de lui trouver des assaisonnemens et des
mélanges. On délaissa pour un instant les méthodes, qui consistaient à les employer isolées
seulement, et ce fut avec la viande que l'on commença à les introduire. Comme c'était la seule
découverte qui amenait quelques heureux résultats, qui développait gracieusement le parfum de la truffe, on l'adopta et on la suivit
presque universellement ; même encore aujour-
d'hui, la plupart des personnes qui en mangent
croient que c'est là l'unique méthode à employer.

La propagation du goût qu'on paraissait trouver à cette substance s'étendit sensiblement.
Pendant les victoires de l'empire, nos braves
officiers revenant chargés de lauriers, ou bien
impatiens de voler à de nouvelles victoires,
emplissaient les restaurans où ils demandaient
à grands cris qu'on leur servît tout ce qui pou-

vait consommer leur or, qu'ils considéraient
comme inutile. Les truffes étaient fort chères ;
on leur servait des truffes. Nos braves n'y étaient
point insensibles; ils partaient d'enthousiasme :
vivent les truffes ! Puis, comme on les arrosait
avec du vin de l'étranger, un toast était à cette
occasion porté à l'Autrichien et à l'Anglais : « à
leur santé ! disaient toutes ces moustaches; ce
sont eux qui paient ou qui paieront. »

On voit de même en ce temps que pas une
personne, pas une notabilité ne voulait son dîner
sans truffes : la dinde truffée devint indispensable ; la dinde truffée fut partout sur toutes
les tables, et parut recevoir les plus unanimes
applaudissemens, quoique ayant des imperfections sans nombre. Avec la restauration revin-
rent d'excellens gourmets, qui embrassèrent ce
tubercule , l'analysèrent et lui reconnurent
de sublimes qualités. Nous vîmes même plusieurs innovateurs jeter des éclairs de génie dans
son application. Parmi ces derniers se trouva
le célèbre Brillat - Savarin , ce gastronome si
connu ; il fallait voir cet homme , comme nous
l'avons vu, méditer sur une production truffée, pour être convaincu combien il faut

travailler et bien travailler pour arriver à faire
jaillir les bizarres exhumations du parfum
des truffes, et savoir en tirer parti : aussi a-t-il
trouvé des méthodes sublimes, mais qui sont
restées particulières à son goût.

Sous le ministère Villèle, ainsi que nous
avons déjà eu occasion de le dire, la presse s'é-
gayait fort ; elle qualifiait tout ce parti de ven-
trus, et attribuait hautement aux truffes cette
obstinée et furibonde politique dont il faisait
preuve ; cela ne contribua pas peu à ajouter à la
déjà très-puissante réputation des truffes. Tout
le monde voulut y goûter ; tout le monde y goûta,
et les demandes réitérées qu'on en faisait donnèrent l'idée à plusieurs marchands de tenir cet
article, tels que les charcutiers, les petits fruitiers, ainsi que plusieurs petits marchands de
volaille, qui n'en tenaient pas auparavant. Les
préparations étaient les mêmes que celles d'aujourd'hui, avec cette différence cependant
que depuis que le siècle a tourné à l'économie,
toutes les préparations se sentent de ce système
maintenant ; et qu'au contraire elles étaient
dans ce temps faites sans ménagement et avec
des exigences de qualité qu'on est loin d'avoir

aujourd'hui et qu'on ne pourrait avoir du reste,
en raison du bas prix auquel il faut les
vendre.

Mais ces méthodes étaient alors bien sim-
plifiées : on ne faisait usage des truffes qu'en
en farcissant la volaille et le gibier, dindon,
chapon, ou perdrix, etc. On commença par es-
sayer de remplacer la graisse par le beurre pour
l'assaisonnement préparatoire des truffes, et on
reconnut que l'emploi du beurre donnait un
goût beaucoup plus fin, plus agréable à cette
préparation que le saindoux, qui, en cuisant
fortement, rend un goût de graisse brûlée.
Les petits plats, sauces aux truffes, étaient
très-rares ; c'était surtout le dindon truffé qui
se débitait le plus, qui se mangeait le plus :
aussi, à l'époque dont nous venons de parler,
nos députés ventrigoulus y prenaient une fu-
rieuse part, et étaient très-partisans de sa
consommation.

Depuis qu'on a tant raisonné sur les truffes
et qu'on en parle aujourd'hui assez communément, il est étonnant de rencontrer encore
autant d'imperfections dans l'emploi qu'on
en fait chaque jour. Elles sont mangées avec

beaucoup d'insensibilité, et il faut le dire, d'inattention. Il est des communications pernicieuses que l'on se fait les uns aux autres, tous procédés inventés par hasard, qui ont plu aux uns, mais qui ne plairont point aux autres, et qui se suivent assez ordinairement. Pour peu qu'une personne soit passée sur les lieux de production des truffes, ou bien qu'elle soit des lieux où elles se récoltent, en voilà assez pour qu'elle connaisse au superlatif toutes les perfections les concernant, pour certifier ses connaissances; affirmer que ce qu'elle indique sont les pratiques usitées par les habitans eux-mêmes, et qui sont d'autant meilleures, ajoutent-elles, que comme habitans ils doivent connaître parfaitement cette substance. On peut juger combien est erronée une telle assertion : pour bien connaître un produit, il ne suffit pas d'être seulement du pays où il naît, de l'habiter ou d'y être passé; il faut nécessairement s'être occupé de lui, l'avoir étudié.

Les Provençaux, les Languedociens, les Périgourdins, les Gascons qui habitent Paris se disent assez généralement très-experts en cuisine. Ils soutiennent qu'à Paris on ne sait point la faire, qu'on y mange fort mal, qu'on ne connaît rien, et qu'enfin les productions de chez eux ne peuvent être accommodées pour être bonnes que par des gens du pays même : aussi affectent-ils de faire leur cuisine eux-mêmes pour y prouver leur habileté. C'est ainsi qu'ils confectionnent en première ligne diverses sortes de mets réputés, en usage dans chacun de ces pays : de la Provence et du Languedoc, le bouille-à-bès, la brandade de morue, le poulet aux olives, les olives farcies, la poutargue ou œufs de poisson de mer, les gâteaux d'anchois, la merluche frite, l'omelette et la soupe à l'huile; du Périgord, les diversités de pâtés, les truffes aux foies, les cuisses d'oies et de canards, etc.

Il est fort curieux et divertissant de voir administrer ces différens personnages. Nous assistâmes un jour à la préparation d'une brandade de morue confectionnée par un de ces nomades particuliers, qui prétendait fort sérieusement professer une science particulière pour la cuisine provençale.

Sur un fourneau économique était placée

une casserole en terre, dans laquelle gril-
lottait de la morue, qui était de minute en
minute arrosée d'huile par notre aspirant
gastronome, qui s'y trouvait en face en contemplation, dans une attitude presque immo-
bile. Il était à peindre : cheveux et favoris à la
mode, figure enluminée, et exprimant un air
profondément réfléchi, frac ou redingote à
la mode, pincée, et du plus beau drap
noir avec collet de velours, la peau des mains
blanche et lisse, les ongles pointus et frottés
au citron ordinairement. Notre trop confiant
manipulateur avait négligé de se vêtir du tablier
blanc indispensable ; de sorte que le gilet de sa-
tin noir se trouvait face à face avec les bonds
réitérés de l'huile, occasionés par l'action du
feu ; ce qui déridait de temps en temps l'idée
fixe de notre homme, qui paraissait vouloir retenir des soupirs, que ces légers inconvéniens
lui suscitaient apparemment. Ce que nous re-
marquâmes avec plaisir, c'est qu'il devint par
cette circonstance plus agréable pour les personnes qui l'environnaient, et qui considéraient
attentivement le travail de cette grande œuvre.
Il commença à quitter son idée fixe et à deve-

nir raisonneur. A chaque cuillerée d'huile in-
troduite : « Vous jugerez l'effet de cette cause,
dit-il, mes chers convives. » Et sur l'observation
qu'on faisait presque unanimement, que par
le continuel mélange de l'huile morfondue
avec le poisson, qui se délayait au point de
devenir en pâte; il en résultait une colle,
un savon; que cet amalgame de plusieurs substances ainsi réduites n'était plus qu'une seule
substance indéfinissable, détestable et immangeable, et que du reste ce n'était point
ainsi que ce mets était confectionné sur les lieux
même où il se mange habituellement. Il nous
fut répondu (hochement de tête, haussement
d'épaules, moment de silence, langage muet):
« que l'emploi même immodéré de l'huile ne
« pouvait rien avoir de mauvais; que les végé-
« taux n'étaient nuisibles dans aucun cas; que
« lorsque nous ne les employons pas ainsi pour
« la nourriture de l'homme, nous nuisons es-
« sentiellement à son existence; que tous ces
« sucs mélangés, réduits et dulcifiés par l'ac-
« tion exagérée du feu, sont tout-à-fait purifiés,
« qu'ils ne le seraient point sans cela, parce
« qu'ils conserveraient leur amertume pre-

« mière, qu'alors ils ne sauraient être agréables.
« Divers procédés chimiques..... » Au même
instant une fumée noire et épaisse sort de la
casserole et remplit la cuisine d'une odeur, en
contact de laquelle on ne peut résister, ce qui
interrompt la discussion. Notre homme est
aux abois ; il ouvre les portes, les fenêtres, et
appelle à grands cris la cuisinière, à laquelle
il demande de l'eau ; mais cette dernière
n'arrive point. Dans sa précipitation, un pot
se trouve sous sa main ; il en verse dans son
fricot pour le dissoudre ou l'humecter apparemment. Le hasard le sert mal : il croit avoir mis
de l'huile ou de l'eau ; mais une seconde exha-
lante odeur nous apprend que c'est du vinaigre ; mélange de fumée odoriférante infernale.
Enfin on a pu se faire jour au fond du plat. O
ciel qu'aperçoit-on ? Une seule et énorme masse
en forme de croûte rousse, carbonisée, pétri-
fiée, identiquement conforme en dureté à celle
de la terre cuite de la casserole. Dans son désespoir il frappe du pied, s'en prend à tous les
assistans de ce qui est arrivé, et soutient encore
que « ces causes ont produit...» —Ces effets, répond un des assistans. Cela produit une hilarité

générale, rétablit la cuisinière dans son office, fait sentir aux amphytrions l'éloignement du dîner et l'augmentation de leur appétit. Notre hôte est maudit de tous. La cuisinière le déteste ; ses enfans s'impatientent et grognent ; sa femme rit comme une folle, et ses convives l'envoient à tous les diables.

Remarquons ici que bien que tout ce que font ces individus soit du plus mauvais goût, ils n'en soutiennent pas moins devant leurs invités la sublime excellence ; et si ces derniers paraissent peu disposés à partager cette opinion en en mangeant avec dégoût, ils sont aussitôt traités d'ignorans par leur Mécène, selon le degré de familiarité qu'il a avec ses convives ; d'estomacs parisiens, qui veut dire faibles et propres à se rebuter d'une chose un peu forte et épicée, tandis que ces mets ne sont en définitive que la composition la plus dégoûtante et la plus absurde. On concevra que ces personnes, si elles ajoutent foi aux paroles de leur hôte, peuvent fort bien prôner comme bonne une chose qui ne l'est pas ; mais qu'elles peuvent considérer comme point d'accord avec leur construction physique, leur estomac ; et propager, bien innocemment sans doute, des méthodes tout-à-fait dévastatrices, et qui sont d'autant plus capables de se répandre, qu'on n'ose par amour-propre trouver mauvais un mets qui a été chéri et vanté par tout ce que la société avait de personnages marquans et distingués.

Il est de ton ou de mode aujourd'hui qu'un chef de maison doit faire lui-même, ou du moins présider lui-même à la confection des principales productions gourmandes qui doivent se servir à un repas notoire ; mais il est de règle, d'usage consacré, que pour les truffes l'amphytrion doit toujours mettre la main à l'œuvre, ne jamais les quitter et les suivre depuis leur achat jusqu'à leur consommation. Cela prouve en quelque sorte qu'on a rendu justice quoique tardivement à cette importante substance, et qu'elle est digne d'une meilleure considération que celle que lui prête la routinière cuisinière, ou le trop fier et trop dédaigneux cuisinier.

Mais cela ne prouve pas que quelques personnes soient plus que ces derniers capables d'en saisir les convenables apprêts ; au contraire, on a la malheureuse habitude d'être confiant, de croire et de suivre tous les conseils qui sont donnés sur cette matière ; et comme il faut avant tout, et pour base première, bien connaître les truffes en nature pour les choisir bonnes, qu'on est loin de se donner cette peine, il résulte de tout cela qu'on ne fait que suivre la mode sans faire les choses convenablement.

Malheureusement encore on ne mange ordinairement les truffes que dans de grands repas, dans des dîners solennels, pour lesquels tous les mets, en trop grande quantité, n'ont pu être confectionnés avec tous les soins nécessaires. Les pièces aux truffes ne se servent qu'au second service, et il faut être véritable gastronome pour n'avoir goûté que faiblement à tous les mets qui ont precédé, afin de s'être réservé en partie pour l'arrivée des truffes, qui réclament une grande attention.

Petits et grands, jeunes et vieux, estomacs faibles et forts, tous peuvent goûter aux truffes. Que la coquette ne s'en défende point : sa taille ne s'en arrondira pas davantage, elle n'en deviendra pas plus grosse ; ses belles joues n'en seront ni plus ni moins colorées, et la fraîche et libre disposition de son corps n'en souffrira nullement. Mais nous le faisons encore remarquer ici, on ne doit point toucher aux truffes, si dans un repas l'on n'a conservé l'estomac libre et dégagé, et si les choses qui recèlent les truffes ne sont pas d'une bonté parfaite.

Il est des personnes, les dames en plus grand nombre, qui n'ont point pour habitude de boire du vin pendant le repas : il sera fâcheux pour elles d'apprendre que les truffes ne sauraient être savourées et agréablement relevées sans le contact immédiat de quelques coups de vin, même un peu trempé ; car en buvant de l'eau pure en les mangeant, il est impossible d'y trouver les qualités qu'on y trouvera en buvant du vin, il est de plus incontestable qu'on en pourra manger davantage. Encore une erreur assez grande, c'est que quelques personnes saisissent l'arrivée de ce mets pour user du vin de Champagne, qu'elles vantent comme une chose merveilleuse et indispensable pour accompagner les truffes. Qu'on boive du vin sans doute, qu'on en boive beaucoup rouge ou blanc, pourvu qu'il soit naturel et bon ; mais en grâce qu'on n'use point du vin de Champagne : il n'est point propre à ce mets. Ce vin doucereux ne saurait rendre agréable des choses épicées et relevées : cela est aisé à concevoir; ce sont au contraire deux choses antipathiques l'une à l'autre, qui ne doivent s'allier en aucun cas, et principalement avec les truffes.

Nous le répétons de nouveau, toutes ces précautions, tous ces soins à prendre sont fort simples; avec un peu d'attention on peut parvenir à la plus grande perfection, et faire arriver la connaissance et les bonnes préparations de cette substance au degré de celles de toutes autres des plus ordinairement connues; mais une chose principale à laquelle on doit s'attacher, c'est à la connaissance parfaite des qualités de ce tubercule, connaissance qui ne saurait jamais être trop étendue, surtout pour vous, gens dont les professions tiennent à la cuisine.

QUATRIÈME PARTIE.

RECETTES, MOYENS.

CHAPITRE PREMIER.

MÉTHODES CONCERNANT LA CONNAISSANCE, L'APPRÉCIATION ET LA DIRECTION DES TRUFFES FRAÎCHES.

I.

De l'extraction des Truffes.

Les truffes doivent être extraites de la terre par un jour de beau temps sec; dès qu'elles sont à l'air, on ne doit point les laisser séjourner même quelques heures sur la terre; on doit les placer dans des paniers ou corbeilles à claire-voie, et éviter qu'elles restent exposées au soleil, à la rosée du soir, ou à l'humidité de la nuit.

On ne doit point extraire des truffes par un temps de pluie ni de forte gelée, à moins cependant dans ce dernier cas, que la terre soit depuis quelques jours couverte de sept à huit pouces de neige, ce qui aura empêché les truffes de geler en terre.

Immédiatement après avoir découvert la partie de la terre qui recèle les truffes, on doit se servir de la pioche et non de la bêche pour fouiller; ce dernier instrument portant plus d'étendue, est plus capable que l'autre de rencontrer des truffes et de les endommager.

La truffe extraite des terrains sablonneux est celle qui a la plus longue vie.

II.

De la quantité de terre qu'on doit laisser à la Truffe.

On n'a pas craint d'avancer, et un assez grand nombre de personnes croient encore aujourd'hui, que la terre que les paysans extracteurs laissent en quantité à la truffe, conservait cette truffe, et que si elle était privée de terre, elle se pourrirait : on ne peut être plus grandement dans l'erreur.

La truffe, quel que soit le terrain dont elle est extraite, sablonneux, graveleux ou humide, ne doit garder de terre autour d'elle que celle qu'on n'a pu lui ôter. En détachant la terre qui tient à la truffe lors de son extraction, on doit éviter d'écorcher la truffe ; mais il est bien d'ôter le plus de terre possible : moins il en restera, plus les truffes se conserveront long-temps, et il s'en gâtera beaucoup moins en voyageant. La terre les avance, et les porte beaucoup plus vite à se pourrir.

III.

Comment les Truffes doivent être purgées.

Après l'extraction des truffes et leur enlèvement, il est utile de séparer les truffes inférieures et de peu de vie, de celles qui sont d'une bonté parfaite, et qu'on peut garder et expédier ; c'est ce qu'on appelle purger.

A cet effet on devra placer les truffes, dès le lendemain de leur extraction, dans une chambre d'un étage élevé, fraîche et saine, qui ne soit pas exposée à recevoir intérieurement les rayons du soleil ; on aura soin d'établir des courans d'air par un temps ordinaire, mais de les supprimer si le temps était à la gelée. On étale les truffes sur le carreau de la chambre, de manière à ce qu'elles ne se trouvent point les unes sur les autres. On les laisse vingt-quatre heures dans cet état ; on les ramasse ensuite, et on procède au recettage, qui indique les mauvaises et les bonnes. Ces dernières seules peuvent être employées, car les autres, pour mourir en si peu de temps, sont d'une classe de truffes qui ne sont point assez formées, dont les chairs n'ont ni force ni soutien, et dont les puissances odoriférantes sont nulles.

L'opération du recettage terminée, on enlève avec une brosse douce toute la poussière terreuse qui aurait pu rester à la truffe bonne, afin de la dégager de celle qui n'y est point naturellement attachée.

IV.

Du recettage des Truffes.

On nomme ainsi l'opération qui consiste à séparer les truffes bonnes de celles qui sont devenues molles et défectueuses. Cette opération indique, d'une manière assez généralement positive, le bon ou mauvais état de la truffe. Le moyen à employer est fort simple, puisqu'une personne qui ne connaît point du tout la truffe peut aisément reconnaître celles qui sont saines et celles qui ne le sont pas.

On prend les truffes une à une ; on les presse légèrement dans le milieu de la main en la fermant ; si l'intérieur de la main ne peut agir sur toutes les parties, vous les changez de place, de manière que toutes aient pu se sentir de la pression. Si la truffe ou une de ses parties fléchit, elle est incontestablement mauvaise, c'est-à-dire gâtée. Pour être bonne, elle doit être d'une entière fermeté, qu'on peut comparer à celle d'un morceau égal de liége fin. On ne peut indiquer que ce moyen pour connaître les truffes atteintes de pourriture. Les autres truffes deffectueuses ne peuvent se remarquer à l'extérieur, ayant la fermeté et l'apparence des bonnes ; c'est à d'autres signes, que nous allons signaler, que ces vices s'apercevront.

Les truffes échauffées se reconnaissent, en ce qu'elles s'attachent fortement à la peau de la main en les pressant, et qu'elles expriment des matières gluantes.

Les truffes gelées répandent une grande quantité d'eau, si on les tient quelques secondes dans l'intérieur de la main.

Les truffes vieilles, quoique d'une fermeté parfaite, sont quelque peu gluantes et ridées.

Les truffes sèches sont celles qui sont aussi dures que du bois, et d'une fermeté d'autant plus remarquable qu'il n'est possible de les rompre qu'avec un marteau.

Les autres truffes vicieuses de nature, telles que les verreuses, pierreuses, musquées ou de bois, ne peuvent être reconnues à l'extérieur que par un praticien, attendu qu'elles se présentent en tout extérieurement comme les truffes de première bonté.

L'opération du recettage doit être faite chaque jour, matin et soir, si c'est possible. Le contact des truffes pourries avec les bonnes contribue beaucoup à faire gâter ces dernières, quand même ce contact n'existerait que quelques heures.

V.

Des Truffes molles.

La mollassité des truffes est l'indication positive de leur mauvaise qualité, de leur état de pourriture.

Beaucoup de personnes s'imaginent que cela ne prouve chez elles qu'une maturité un peu avancée, et que cette maturité est nécessaire à faire ressortir leur parfum, à actionner leur goût, et pensent qu'ainsi elles sont meilleures avec le gibier ou les viandes faisandées, avec lesquelles on croit probablement qu'on doit allier des choses aussi faites que ces viandes doivent être. Un pareil raisonnement est tenu principalement par les marchands, qui ont intérêt à écouler leur mauvaise marchandise pour ne pas la perdre. Le public ne peut être en cela plus complétement trompé.

Nous le répétons, il n'y a que la pourriture

qui réduit les truffes au point de les faire mollir. Dans cet état elles ne possèdent aucune espèce de parfum. S'il arrivait qu'elles fussent employées parmi des bonnes, il en résulterait une perte totale et complète de ces dernières par le mauvais goût que les molles leur auraient communiqué.

VI.

Des Truffes cassées, brisées, piquées ou écorchées.

La truffe qui par quelque circonstance a été coupée, cassée ou écorchée ne se conserve pas long-temps. C'est par l'endroit coupé, piqué ou écorché qu'elle commence à se pourrir. Cette pourriture ne marche que graduellement, comme celle des autres truffes : si le morceau est gros ou la truffe grosse, il peut très-bien n'y avoir qu'une faible partie endommagée ; on la connaîtra facilement au moyen du recettage ; mais on ne doit point prendre envie de profiter le morceau resté apparemment bon. A tel faible degré de mal que soit atta-

quée la truffe, la totalité est entièrement perdue. En retranchant son côté mauvais, on ne
saurait extraire le vice dont elle a été entachée,
qui a gagné toutes ses chairs et qui a répandu
un mauvais goût même sur celles que l'état de
mollassité n'a pas atteintes. On ne doit donc
jamais employer ces morceaux, quoique fermes.
Comme nous venons de le dire, c'est le seul cas
où cette fermeté n'est point un signe de bonté.

Les truffes sont très-fragiles, très-délicates;
elles doivent être touchées avec précaution et
ménagement. Si l'on doit les garder quelques
jours, il ne faut ni les laisser tomber à terre,
ni les choquer, ni les secouer, mais les prendre
et les poser doucement avec la main.

Les truffes que les paysans ont la fatale manie d'attacher ensemble au moyen de petites
épines, qu'ils recouvrent de terre, pour, de
plusieurs petites, en faire une grosse, et celles
qui sont écorchées avec les ongles, comme les
marchands ont l'habitude de le faire, se gâte-
ront promptement; elles ne peuvent avoir une
longue vie.

VII.

Des Truffes de bois et musquées.

Ces truffes ont un mauvais goût et ne doivent jamais être employées.

Elles sont en apparence comme les truffes bonnes et saines ; elles ont les mêmes irrégularités extérieures, la même couleur, le même fumet. Ce n'est qu'à l'intérieur qu'un connaisseur peut reconnaître leurs vices.

La truffe de bois, que nous supposons être une truffe point encore tout-à-fait constituée, a une peau noire comme les autres ; elle est de toutes les formes et grosseurs. Elle est dure autant que du bois ; son intérieur est rougeâtre et paraît composé de petites fibres ou racines très-visibles. Ses chairs n'ont point de marbrure, et son intérieur tombe en poussière en le grattant avec la pointe d'un couteau.

La truffe musquée est ordinairement petite ; il est rare d'en trouver d'aussi grosses que le sont de belles et bonnes truffes ; elle est toujours ronde, n'a aucune irrégularité. Son intérieur est noir gris, marbré de blanc par des veines plus larges et moins multipliées que celles des truffes bonnes; elles exhalent, une fois coupées, une odeur prononcée de musc, qui les fait facilement reconnaître.

VIII.

De la grosseur des truffes.

Quelle que soit la grosseur des truffes la qualité en est la même; une petite est aussi bonne qu'une grosse, une biscornue qu'une ronde, une ovale que celle qui ne l'est pas.

Les truffes grosses et rondes doivent être préférées : on passe moins de temps pour leur manutention, et elles font beaucoup moins de déchet que celles qui sont biscornues ou petites.

Nous estimons que les petites valent deux tiers de moins que les grosses : ainsi si la belle truffe vaut trois francs, la petite, en la payant vingt sous, se trouve payée tout aussi cher que la grosse, en raison de l'énorme déchet qu'elle doit supporter.

On devra réserver les grosses truffes pour les servir seules et entières , et employer les petites à des préparations pour lesquelles on aurait besoin de couper des grosses.

IX.

Des truffes de bonne qualité.

La bonne truffe est ferme au toucher , quoiqu'un peu flexible , moelleuse et tendre. En la pressant dans la main , elle doit y répandre de la fraîcheur : c'est le signe qui indique qu'elle est récente. La terre qui l'entoure doit être humide comme du terreau nouvellement arrosé ; si c'est du sable , il doit y être comme attaché et former enduit. Dès qu'elle est lavée , elle doit sécher à l'instant même , c'est-à-dire en quelques minutes. Son intérieur est noir noir ; des veines de couleur gris cendré , de la grosseur d'un fil de soie , traversent ses chairs en tous sens. On les croirait humectées , quoiqu'elles n'aient aucune apparence de contenir de l'eau , n'étant point du tout spongieuses , et

elles doivent exhaler le goût aromatique particulier au tubercule.

X.

*De l'influence de l'atmosphère sur les truffes,
et des lieux où elles doivent être placées pour
en être préservées.*

À cinq degrés au-dessous de zéro, les truffes
exposées pendant quelques heures seulement
à l'intensité du temps froid gèlent complètement.

Par un soleil ordinaire d'hiver, les truffes
qui en sont frappées, même peu d'instans,
s'altèrent sensiblement.

Par un temps brumeux, de brouillard, pluvieux ou humide, les truffes, qui sans y être
entièrement placées y sont exposées, éprouvent
presque immédiatement une singulière défec-
tuosité.

Tel temps qu'il fasse, les truffes doivent toujours se placer dans un lieu sec et élevé, autant
que possible, cependant point dans un gre-

nier : cet endroit n'est point convenable ; on
doit lui préférer un rez-de-chaussée, ou un
premier étage. Il est inutile de dire que jamais
on ne doit les déposer dans un lieu humide, tel
que cave, écurie et remise. On ne doit point
les étendre à terre, mais les mettre dans des
paniers d'osier à claire-voie, ou sur des claies,
en réunion d'une vingtaine de livres au plus,
pour éviter entre elles une trop grande communication de chaleur.

Par un temps sec et frais, on doit tenir les
paniers ouverts, afin de mieux recevoir l'air.

Par un temps pluvieux, humide, de brouillard ou de gelée, il faut supprimer le contact
de l'air.

Dans aucun cas il ne faut faire du feu dans
l'endroit où sont les truffes.

XI.

Pour conserver les truffes fraiches.

Plusieurs personnes ont essayé d'indiquer
différens moyens pour prolonger la vie des

truffes fraîches : on a tour à tour prescrit de placer les truffes dans le sable, de les entourer de cire, ou de les remettre dans de la terre natale, rangées par couches dans des caisses fermées hermétiquement. Nous ne savons si l'on a fait un usage suivi de ces procédés ; mais ce qu'il y a de certain, et que nous pouvons affirmer, c'est que toutes ces préparations ne donnent aucun bon résultat.

Il est des précautions à prendre sans doute pour prolonger la vie des truffes fraîches, mais ce n'est pas de mêler avec elles des substances quelconques : elles ne peuvent les conserver ; au contraire, elles sont plutôt capables de les corrompre. Il est évidemment reconnu que les truffes ne sympathisent avec aucune espèce de chose placée en contact avec elles.

On doit chaque jour exposer parfaitement les truffes à l'air, hors les cas que nous avons signalés. Il faut les recetter chaque jour avec soin pour ôter celles qui se rencontreront mauvaises. Seulement quand il fera mauvais temps, on renouvellera cette opération deux fois par jour. La fin des truffes arrive de deux manières : par la pourriture et la sécheresse. Dès que l'on s'apercevra que la généralité des truffes tourne à ces extrémités, on devra s'en servir promptement.

Il ne faut jamais mouiller les truffes pour les garder.

Les soins simples et faciles que nous venons d'indiquer, bien administrés, peuvent maintenir les truffes assez long-temps dans un état sain : nous en avons gardé ainsi près de deux mois.

CHAPITRE II.

MÉTHODES CONCERNANT L'EXPÉDITION, LE VOYAGE ET LA RÉCEPTION DES TRUFFES.

I.

De l'emballage.

Par une température tempérée, on place les

truffes toutes nues dans des paniers, corbeilles ou bourriches à claire-voie, sans paille, papier, copeaux, ni quoi que ce soit. On a soin de bien emplir et joncher le panier, afin d'éviter le balottement entre elles, que leur causerait la route inévitablement. Les paniers de la contenance la plus favorable sont de dix kilogrammes environ. Plus il fait un temps doux, plus on doit employer des paniers de petites contenances : aussi descend-on dans ce cas jusqu'à se servir de paniers contenant cinq à six kilogrammes seulement. C'est tout le contraire, lorsque le temps est frais ou froid ; mieux vaut alors employer les paniers de grandes contenances : selon le temps, on va jusqu'à se servir de paniers de cinquante kilogrammes. Les paniers ne se couvrent jamais soit de papier ou de toile d'emballage, parce qu'il est nécessaire à la conservation de la truffe que l'air s'introduise dans le panier et circule autour de la truffe.

Il faut avoir bien recetté les truffes avant de les mettre en panier, c'est-à-dire s'être assuré que celles qu'on y place soient toutes bien saines ; la présence d'une mauvaise truffe est contagieuse, et répand sur les bonnes une odeur humide et fétide, qui les fait avancer.

Lorsqu'il gèle, on doit, avant de mettre les truffes toujours toutes nues dans les paniers, en garnir toutes les parois intérieures de feuilles de fort papier gris; plus il fait froid, plus il faut les doubler, tripler, etc. C'est alors qu'il faut se servir de grandes corbeilles. Par des froids excessifs, l'emballage en panier ne suffit pas pour garantir les truffes de la gelée : on a recours alors à l'emballage en caisson, même en barils cerclés hermétiquement, comme s'ils devaient contenir du liquide. Mais ces derniers emballages sont fort dangereux en ce que si la température se radoucit dans l'intervalle de la route, c'est-à-dire que gelant au départ, il dégèle à l'arrivée, adieu les truffes; tout est perdu. Elles arrivent échauffées, toutes corrompues, toutes molles; ce n'est plus qu'un amas de fumier fétide, qu'il faut bien vite jeter. Il est donc plus sûr, quel temps qu'il fasse, de se servir de l'emballage en paniers.

Lorsque les truffes doivent passer la mer, on ne doit même pas en temps de gelée les emballer; il faut qu'elles conservent entre elles toujours une libre circulation d'air.

II.

Des voies par lesquelles on doit faire voyager les truffes.

Lorsqu'on veut transporter des truffes à une distance éloignée, qui demande plus de vingt-quatre heures de route par roulage, il faut se servir de messageries à relais, qui ont un service accéléré, afin que les truffes fassent la route le plus promptement possible. On ne doit point prendre la malle-poste; cette voie a quelques inconvéniens : outre un balottement considérable qu'éprouvent les truffes, elles ne sont point soignées en route et sont, plus que par les diligences, à même d'éprouver des avaries : par un temps chaud, le soleil les frappe constamment, et par un temps froid, elles sont beaucoup moins garanties. On trouve du reste une économie marquante en se servant des messageries. Au surplus la malle-poste pour une route de quelques jours ne gagne que peu de temps sur les messageries ; et il arrive souvent que les courriers, qui font assez ordinairement des chargemens pour leur compte , laissent séjourner dans des villes de passage les marchandises qui leur sont destinées pour se charger de la leur propre , ou bien des surcroîts de chargemens les obligent à en laisser une partie en route pour ne point arriver à Paris en contravention. Tout bien considéré, lorsque la durée du voyage de la malle-poste est à peu près la même que celle de la diligence, on doit donner la préférence à cette dernière.

III.

Ce qu'il faut faire aux truffes à leur arrivée.

Arrivés à leur destination , les paniers qui contiennent les truffes doivent de suite être ouverts ; on doit immédiatement verser les truffes dans d'autres paniers d'une ouverture la plus grande possible. On ne doit point les verser à terre : puis les paniers toujours ouverts se placent à l'air pour y rester une matinée ; on ne doit point y toucher avant ce temps expiré. Si les truffes arrivent le soir, on le transvide le soir, et on les laisse ainsi pendant toute la nuit à l'air sans y toucher.

On procède ensuite au recettage.

Une fois cette opération achevée, on enlève avec une brosse douce les parties de terre humide qui auraient pu rester à la truffe, et on a pour elles les mêmes soins que ceux indiqués pour la conservation des truffes qui n'ont point voyagé.

On trouvera, dans les deux sections suivantes, les moyens à employer dans le cas où les truffes auraient été frappées en route par la gelée ou la chaleur (échauffement).

IV.

Des truffes échauffées.

Dès que les paniers seront ouverts et d'après les indications que nous avons données, venant à s'apercevoir que quelque avarie est arrivée aux truffes, on prendra les moyens suivans :

Pour l'échauffement : on verse les truffes dans de l'eau très-fraîche ; on les fouette avec

un balai de bouleau toutes les demi-heures, en
même temps qu'on change l'eau. Il serait bien
de continuer cette opération deux ou trois
heures et plus, selon leur degré d'avarie. On
les étend ensuite sur une claie pour les faire
égoutter et sécher. Quand elles le seront, c'est-
à-dire quelques heures après les y avoir mises,
on procédera au recettage. Il n'y a pas dans
cette circonstance que les molles qui soient
mauvaises ; toutes celles qui, quoique fermes,
ne sont point sèches à l'extérieur, sont entièrement mauvaises et inférieures : on doit les rebuter et les écarter des autres qui sont bonnes. On achève ensuite de brosser celles-ci
comme à l'ordinaire ; on doit s'en servir promptement, car elles n'ont pas deux jours de vie.
Elles ne sont point propres pour les conserves.
Les mauvaises ne sont bonnes à rien.

V.

Des truffes gelées.

La truffe gelée l'est plus ou moins, selon

qu'elle a éprouvé plus ou moins les rigueurs du temps.

Elle est ou tout-à-fait gelée, dans ce cas elle est perdue et ne vaut plus rien, ou elle est seulement givrée, c'est-à-dire faiblement atteinte de gelée; alors elle peut encore se profiter.

La truffe gelée complétement a ses parties extérieures dures et coagulées; sa partie humide est convertie en glaçons, qui s'aperçoivent même à l'intérieur; les marbrures sont ternes et presque inapercevables. A l'extérieur, elle est presque entièrement entourée de morceaux de glaçon, qu'on dirait inoculés avec elle. En la laissant tomber à terre, elle rend un son de métal; elle est aussi dure que la pierre. Atteinte du froid à ce degré, la truffe n'est plus bonne à rien, n'ayant plus aucun goût, ou celui qu'elle possède étant entièrement corrompu.

La truffe qui n'est point tout-à-fait gelée se reconnaît au givre blanc et fin qui entoure son extérieur, a un peu de flexibilité en la pressant dans la main, et les marbrures de son intérieur ne sont point tout-à-fait ternes. Celle-ci peut donc encore s'employer. Dans ce cas on procédera de la manière suivante.

On jette de suite ces truffes dans de l'eau bien fraîche : on les y laisse une demi-journée ; mais pendant ce temps l'eau doit être plusieurs fois renouvelée en fouettant les truffes , comme on le fait pour celles échauffées. On achève de les brosser toutes indistinctement ; on les retire ensuite, et on les étend sur la claie pour qu'elles y restent vingt-quatre heures. Elles doivent se placer dans un lieu qui ne soit ni chaud, ni froid, ni humide ; au bout de ce temps, on passe à l'opération du recettage. Toutes celles qui sont sèches sont bonnes ; celles qui ne le sont pas sont mauvaises. Pour cette opération il ne faut point se régler sur leur molassité ; car, si les molles sont sèches, elles sont bonnes ; ceci est invariable. On s'en sert comme on le fait pour celles sans défaut ; ils leur faut seulement un peu plus de sel et d'aromates.

On peut encore employer un autre moyen.

Avec un couteau robuste on épluche les truffes tout d'abord avec la terre , et sans les avoir mises à l'eau ; lorsqu'elles sont épluchées, on les lave ; on les met dans une casserole avec du beurre tiède et un peu de bouillon ; on les fait cuire sur un feu doux un quart d'heure, pour leur faire rendre leur eau ; on les met ensuite égoutter ; lorsqu'elles le sont, on les repasse quelques minutes au beurre seul, bien aromatisé : on aura tout ce qu'il est possible d'en tirer de bon.

Les truffes, même faiblement gelées, ne peuvent être prises pour faire des conserves.

CHAPITRE III.

MANUTENTION ET PRÉPARATION DES TRUFFES.

I.

Du lavage.

Les truffes ne doivent jamais, sous quelque prétexte que se soit, se laver à l'eau chaude ni tiède. L'eau doit être fraîche et même très-fraîche.

On n'en doit mettre dans l'eau qu'une quantité qu'il sera possible de brosser en une heure ou deux, afin que les truffes ne séjournent pas davantage dans l'eau. Pour accélérer l'opération, on les fouette fortement avec un balai dans une grande quantité d'eau; la plus grande partie de terre se détache, et on évite ainsi de laisser plus long-temps les truffes à l'eau, que si on les brossait tout d'abord à la main.

On doit prendre une brosse de crin, qui ne soit point trop dure, pour achever de nettoyer les truffes. Cette brosse doit être de forme longue, et étroite, propre à pouvoir s'introduire dans les cavités qui se trouvent aux truffes.

On doit sortir les truffes de l'eau dès qu'elles sont brossées, les placer sur une claie pour les faire sécher avant de les employer, ou de procéder à l'épluchage.

II.

De l'Épluchage.

Après avoir bien lavé les truffes et les avoir fait sécher, hors les cas où elles doivent être employées entières, que nous aurons soin d'in-

diquer, les truffes doivent toujours être épluchées.

Cette opération consiste à enlever la couverture à bulles noires pointues qui entoure la
truffe ; elle demande beaucoup de précautions, de tact et une prompte exécution.

On doit se servir pour cela de petits instru-
mens bien aiguisés et fortement emmanchés :
la lame doit être en bon acier, et être fine et
large à peu près comme celle d'un gros canif ;
l'extrémité de la pointe, à partir du coupant,
doit être à demi arrondie en se renversant sur
le dos. Cette dernière partie de l'instrument
doit être bien soignée : elle est utile, en ce
qu'elle doit s'introduire dans les cavités de la
truffe.

Au moyen de cet instrument la couverture
de la truffe est enlevée avec facilité et netteté :
on ne doit point n'enlever que ses aspérités ; il
faut ôter la couverture tout entière ; à cet
effet on remarquera si, sous le morceau de
pelure qui vient d'être coupé, on aperçoit le
marbre ordinaire de la truffe ; si cela est, la
couverture est suffisamment enlevée ; mais si
on ne peut voir le marbre, on doit recommen-

cer à en enlever, car il en existe encore ; cela est indubitable.

Il faut éplucher les truffes très-proprement, afin de ne point être obligé de les laver une fois épluchées ; car ce serait leur faire un tort grave que de mettre leur chair nue dans de l'eau pure.

Il est convenable de se servir des truffes sitôt qu'elles sont épluchées.

III.

Des soins qu'on doit apporter au lavage et à l'épluchage des truffes lors des conserves.

L'opération du lavage et de l'épluchage des truffes doit être faite dans la même journée : jamais il ne doit s'écouler grand temps entre le lavage et l'épluchage. On ne doit, comme nous l'avons déjà dit, laisser les truffes à l'eau que quelques heures pour les laver, et dès qu'elles se sont ressuyées à l'air, on doit de suite les éplucher.

Une fois épluchées, les truffes ne doivent

point être passées dans l'eau. On doit les placer
dans une corbeille propre, ou sur une claie
dans un lieu frais en attendant qu'on les prépare, ce qu'il ne faut pas tarder à faire, si on
ne peut le faire de suite; car elles ne doivent
pas passer la journée sans être employées. Si
elles restaient plus d'un jour en cet état, elles
se détérioreraient sensiblement, et ne seraient
plus bonnes à être mises en conserves.

CHAPITRE IV.

DES CONSERVES.

I.

De l'époque la plus propre à faire les conserves.

C'est en décembre et janvier de chaque année
que les truffes des bons cantons sont bonnes à
être conservées. Plus tôt les truffes qui naissent
n'ont point un assez grand degré de bonté et
de bien-être; plus tard, elles sont assujetties à

éprouver des vices, les vers, ou la gelée. C'est donc dans ces deux mois seulement qu'on doit s'occuper des conserves.

Les conserves des truffes blanches de l'été n'ont point d'époque spéciale: au fur et à mesure de leur récolte on les conserve; mais ces truffes sortent du cadre de nos bonnes truffes ordinaires : aussi n'en parlons-nous que parce que d'après l'esprit de notre livre nous devons traiter de la truffe en général.

II.

Des qualités que doivent avoir les truffes pour conserves.

Les truffes des terrains secs et celles qui ne sont point trop humides par elles-mêmes sont celles qu'il faut choisir.

Elles ne doivent avoir aucun vice : ainsi, comme nous l'avons déjà dit, les truffes gelées ou échauffées, les vieilles, sèches ou fusées, les verreuses, musquées, de bois, etc., doivent être soigneusement écartées. Une mauvaise truffe, laissée par hasard parmi celles que l'on

conserve, est capable d'empêcher la réussite
de toutes les conserves ou de leur nuire beaucoup.

Il faut les truffes récentes, fraîches et toutes
bien saines, d'un noir parfait à l'intérieur. On
doit principalement choisir les rondes et les
belles, parce qu'il est plus facile d'apercevoir
les imperfections.

CONSERVES NON CUITES.

Cette préparation ne s'emploie ordinairement
qu'en attendant qu'on puisse faire subir aux
truffes une préparation déterminée; ou bien
pour empêcher ou arrêter la pourriture en attendant d'en avoir l'emploi.

III.

A l'eau salée.

On prend, suivant la quantité de truffes, une
quantité d'eau qui puisse les baigner ; on met
dans cette eau thym, laurier, quatre épices,
sel, plusieurs clous de girofle ; on fait bouillir
l'eau avec le sel et aromates ; on la retire du
feu, puis on la laisse déposer et refroidir ; on

lave les truffes; on ne les épluche point, et
après les avoir fait égoutter, on les place dans le
vase qui doit les recevoir ; on passe l'eau pour
en extraire le dépôt et les aromates, et on la
verse sur les truffes, jusqu'à ce qu'elles en
soient complétement baignées.

Les truffes ne peuvent se maintenir saines
en cet état que pendant vingt à trente jours.

IV.

Au vinaigre.

Après avoir lavé les truffes, qui doivent
être toutes bien fermes et point épluchées, on
les plonge dans de la graisse ou préférablement
du saindoux fondu ; on les en retire et on les
laisse sécher jusqu'à ce que la graisse qui est
restée à l'entour soit prise. On fait bouillir
environ un quart d'heure du vinaigre blanc,
dans lequel on met un tiers d'eau, aromates, sel, etc. Quand ce liquide est froid, on le
passe pour en ôter le dépôt et les aromates,
et on le verse sur les truffes. Le fût le plus
convenable pour les placer est le baril, cette

conserve devant être assez ordinairement employée pour les expéditions. Les truffes peuvent se conserver ainsi pendant deux ou trois mois ; mais elles perdent un peu de leur parfum.

V.

Au vin et au sel.

Les truffes ne doivent qu'être lavées, c'est-à-dire point épluchées ; on les place dans un vase en les saupoudrant de sel par couche ; on les laisse ainsi séjourner douze heures ; après ce temps on les place sur la claie pour les faire égoutter.

On a du bon vin blanc, qui doit être préparatoirement aromatisé ; on le passe, puis on y jette les truffes : elles doivent être soigneusement recouvertes de liquide.

Ces truffes ne peuvent se conserver que deux mois ; passé ce temps, elles se détérioreraient en se fusant.

VI.

A l'huile.

On a fait plusieurs essais pour conserver les

truffes à l'huile sans les faire cuire. Celui qui a
le mieux réussi est celui que nous allons indiquer.

Après avoir brossé les truffes et sans les éplucher, on les place dans un baquet en les ran-
geant par couches, et sur chaque couche on
parsème du gros sel ordinaire en quantité raisonnable ; on les couvre, et on les laisse douze
heures au moins en cet état. Ce temps passé,
on les retire du baquet, et on les laisse sécher
pendant une matinée sur la claie. On place
ensuite les truffes dans le baril ou tonneau qui
doit les recevoir (on ne peut employer des
pots), et après qu'il est foncé, on l'emplit d'huile
d'olive par la bonde.

Pour la sûreté de la conserve, l'huile doit
être de première qualité : on devra donc bien
s'assurer que celle qu'on emploie ne soit point
falsifiée. Le fût doit être neuf et exempt de défaut qui puisse occasioner le coulage : il sera
bien de mettre une plaque en tôle sur la bonde.

Cette conserve est de trois mois.

Lorsqu'on a besoin d'ouvrir le tonneau, on
commence par donner de l'air au moyen du
foret ; on ôte ensuite le bondon pour extraire

l'huile du tonneau ; on le défonce ensuite pour en retirer les truffes, qu'on met de suite sur la claie, et qu'on arrose de quelque peu d'eau chaude pour les dégraisser.

VII.

Au saindoux.

Dès que les truffes sont brossées seulement, on les étend sur la claie, afin de les laisser sécher quelques heures ; on les met ensuite dans de petits barils ou dans des pots de terre vernic. On fait bouillir du saindoux, dans lequel on met sel, thym, laurier, quatre épices, etc. et l'on verse ce saindoux bouillant, en le passant à travers un linge, dans le pot où sont les truffes ; elles doivent en être entièrement recouvertes : on ferme ensuite le pot hermétiquement avec liége et goudron.

Ce procédé n'ôte aucune saveur à la truffe, maintient son parfum, et peut la conserver ainsi deux ou trois mois. Il peut être employé particulièrement pour les expéditions par mer ou les longs voyages que les fraîches ne pourraient point faire sans se gâter.

A leur destination on dépote les truffes en plaçant les vases au bain-marie. On peut alors donner aux truffes telle destination qu'on désire.

VIII.

Conserve particulière aux truffes blanches.

Les truffes blanches, récoltées pendant les fortes chaleurs de l'été, sont celles qui donnent la majeure partie de celles qui se vendent ordinairement; mais les meilleures sont celles du printemps et de l'automne.

On lave bien les truffes; on les fait sécher; puis on les découpe en lames fort minces: on expose ces truffes découpées au soleil, jusqu'à ce qu'elles soient bien sèches; lorsqu'elles le sont, on les met dans de petits sacs. Pour que les truffes découpées se conservent, il faut que les morceaux soient secs au point de se casser.

IX.

De l'emploi et de la cuisson des truffes conservées non cuites.)

Toutes les truffes, conservées d'après les procédés ci-dessus décrits, ne peuvent outre-passer le temps fixé pour la durée de chaque conserve; ce temps passé, elles ne pourront plus obtenir de conservation.

Quelle que soit la conserve, les substances de sa préparation ne peuvent en aucune manière servir à la cuisson des truffes. Ainsi lorsqu'on a besoin des truffes conservées, on doit commencer par les dégager entièrement de la composition qui les a recélées; ces substances en sont gâtées, ne valent rien du tout, et seraient plutôt capables de corrompre les truffes.

Il faut leur préparer une bonne caisse de cuisson, composée de jus de viandes, de bons morceaux de lard, résidus de volaille, etc.; jamais à cette cuisson on ne doit employer vin, court-bouillon, sel, ni aromate. Une demi-heure suffit; elles sont ensuite propres à tout emploi.

X.

Cuisson des truffes blanches sèches.

On fait infuser ces truffes sèches dans de l'eau salée et aromatisée une demi-heure seulement; on les égoutte et on les met dans une casserole avec du saindoux mêlé de moitié bouillon; on laisse cuire un petit quart d'heure; on les met de nouveau égoutter, et on les place au besoin dans les mets aux trois quarts cuites.

CONSERVES CUITES.

XI.

Truffes court-bouillonnées.

On fait le court-bouillon de bien des manières ; elles ne conviennent pas toutes aux truffes. Voici comment doit être composé celui qui doit servir à leur cuisson.

On doit prendre par quantité égale de la bonne panne ou graisse de cochon, du bon vin rouge et blanc, et de l'eau; on met tout cela ensemble dans une casserole; on y ajoute sel, quatre épices, thym, laurier, girofle, etc. et quelque peu de vinaigre. Tout cela doit être en ébullition sur le feu avant d'y mettre les truffes.

Les truffes doivent être bien lavées ; on ne les épluche point : on les met dans le court-bouillon. Il faut qu'elles cuisent trois quarts d'heure, si elles sont d'une qualité ferme ; une demi-heure seulement, si elles sont tendres et flexibles. Lorsque les truffes sont cuites, on les étend sur la claie ; on passe le court-bouillon pour en ôter le dépôt et les aromates ; on y met de nouveau un verre de vinaigre, et on y replace les truffes, en ayant soin de bien couvrir le vase qui les contient. Les truffes ainsi sont propres presqu'à tout emploi ; mais elles ne peuvent rester en cet état plus d'un mois.

XII.

Truffes au vin.

Dans une certaine quantité de bon vin blanc de Bourgogne ou de Bordeaux, pourvu qu'il ne soit pas doux, on jette sel, thym, laurier, quatre épices. On met tout ceci en ébullition sur le feu ; on y joint les truffes, qui ont dû être brossées seulement ; elles doivent cuire pendant trois quarts d'heure, c'est-à-dire qu'il faut que le liquide bouille toujours pendant ce temps. Une fois les truffes cuites, on les retire : on verse de nouveau dans la sauce un quart de vin ; on la fait rebouillir ; on laisse ensuite refroidir cette sauce ; on la passe, et on y met les truffes, qui doivent en être complétement recouvertes.

Cette conserve est sûre pendant plus de six mois : les truffes peuvent s'y maintenir bonnes ; mais elles y perdent un peu de leur parfum.

XIII.

Truffes au saindoux.

Après avoir bien choisi, lavé et épluché les truffes, on les met avec du saindoux fondu dans un vase de préférence en fonte ; les truffes doivent nager dans le saindoux. On y met sel, thym, laurier, quatre épices. Leur cuisson doit être d'une demi-heure seulement, pendant laquelle le saindoux doit toujours bouillir et être de temps en temps écumé. Lorsque les truffes sont cuites, on retire le vase du feu ; on extrait les truffes du saindoux ; on les laisse égoutter et refroidir sur la claie. On laisse également refroidir le saindoux après en avoir ôté les aromates, c'est-à-dire après l'avoir passé. Lorsqu'il est froid, il faut le séparer de l'eau qui a dû rester au fond du vase ; puis on le remet sur le feu jusqu'à ce qu'il bouille. Les truffes se mettent ensuite dans de petits pots de faïence ou de terre vernie ; et on verse le saindoux bouillant sur elles, pour remplir les cavités et les recouvrir de deux doigts au moins d'épaisseur à l'embouchure du pot : dès que le saindoux est pris, on doit boucher et goudronner le pot.

Les truffes non épluchées se font cuire de même ; elles doivent seulement cuire un quart d'heure de plus que celles qui sont épluchées.

Quant on a besoin des truffes au saindoux, il faut placer le vase au bain-marie ou devant le feu, pour faire fondre le saindoux : on en retire alors la quantité de truffes qu'on a besoin ; puis on a soin de couvrir de saindoux chaud les truffes qui restent. Si on n'a pas cette

précaution, et qu'on retire les truffes du saindoux sans le faire fondre, il se forme des cavités, par lesquelles l'air s'introduit, ce qui
fait promptement gâter les truffes.

Les truffes de cette conserve peuvent être
bonnes pendant deux années, si le vase est
bien bouché et le saindoux pur et sain, et si
la cuisson a été bien dirigée. Ces truffes ont l'a-
vantage d'être propres ensuite à tout emploi,
sans qu'on ait besoin de leur ménager une
cuisson préparatoire avant de les employer
en cuisine.

XIV.

Truffes à l'huile.

Pour mettre les truffes en conserve dans
l'huile, il faut qu'elles aient subi par avance
l'une des préparations suivantes : au vin, au
saindoux, ou au court-bouillon.

Après s'être arrêté sur le choix de l'une de
ces préparations, on choisit des truffes bien
saines, qu'on lave et qu'on épluche, si l'on
veut ; il convient mieux cependant de ne pas
les éplucher : on les étend sur la claie pendant

deux heures, ensuite on les jette dans la préparation choisie, et on les fait cuire pendant le temps indiqué au chapitre qui concerne cette préparation, augmenté d'un quart d'heure. Lorsqu'elles sont cuites, on les retire de la préparation pour les étendre et les faire égoutter. Si lorsqu'elles sont froides, il restait à l'entour du gras ou autre chose de ce qui a servi à leur cuisson, on doit y verser de l'eau tiède, afin de les avoir propres ; et lorsqu'elles sont sèches et égouttées de nouveau, on les met dans de la bonne huile d'olive ; elle doit être de première qualité et point falsifiée : il faut qu'elle les immerge complétement.

Par ce procédé les truffes se conservent plus d'une année, et peuvent voyager avec la plus grande sécurité.

XV.

Truffes en boîtes à la glace.

Plusieurs expériences nous ont démontré qu'il était certain de conserver avantageusement les truffes par le moyen que nous allons indiquer.

Pour cela il faut impérieusement les truffes grosses et toutes bien fermes. On les lave bien, et on les passe une fois égouttées dans une étuve pendant dix minutes : lorsqu'elles auront bien sué et qu'elles seront froides, on les met dans des boîtes de fer-blanc d'une contenance d'une livre ou deux ; on prend ensuite de la glace de viande fondue, faiblement salée et aromatisée, que l'on verse dans la boîte de manière à l'emplir aux trois quarts seulement. Puis on referme la boîte par le soudage : il faut qu'elle le soit hermétiquement : on fait passer immédiatement cette boîte au bain-marie pendant une bonne heure pour achever la cuisson des truffes et rendre la conserve invariable.

Les truffes conservées par ce moyen sont succulentes et possèdent tout leur parfum ; elles peuvent rester saines pendant plus d'un an dans cette préparation, et peuvent voyager sans éprouver la moindre altération.

XVI.

Truffes privées d'air , en bouteilles , cuites au bain-marie.

Cette préparation demande beaucoup de soins et d'attention ; il serait à désirer que le manipulateur pût avoir une connaissance non équivoque des truffes , afin de ne point éprouver d'échec et d'obtenir une réussite complète. Le procédé, quoique simple en lui-même, offre pourtant beaucoup de difficultés à l'exécution, qu'une grande attention seule peut faire surmonter.

Si nos autres préparations tolèrent parfois la présence d'une truffe inférieure restée par mégarde au milieu des saines au point de n'en point faire souffrir la conserve en entier , celleci est inflexible à cet égard ; toutes mauvaises truffes, même celles qui ne seraient que légèrement atteintes de vice , corrompent toutes les autres truffes bonnes renfermées avec elles.

Il faut donc qu'elles soient toutes saines et fraîches ; on doit les laver, les faire égoutter ou sécher, et les éplucher.

Les bouteilles qu'on doit employer doivent

être fortes, bien coulées et avoir une large embouchure. On doit les rincer avec soin et être assuré de leur propreté intérieure avant d'y placer les truffes ; ces bouteilles doivent être bien égouttées.

Ensuite on emplit les bouteilles de truffes : pour mieux les tasser et en faire entrer davantage, on frappe fortement le cul de la bouteille avec un tampon. Il faut que la bouteille soit pleine à un doigt du bord du goulot ; puis on la bouche avec un bouchon fort, long et du liége le plus fin : il doit entrer de force et au moyen de coups redoublés appliqués avec une batte ; de cette opération dépend le succès de la préparation, car si le bouchon n'intercepte pas totalement l'entrée de l'air dans la bouteille, il n'y a pas de conserve possible. On fixe ensuite le bouchon au moyen de fil de fer placé en croix, afin de retenir la poussée faite au bouchon à l'ébullition.

Cela fait, on met immédiatement les bouteilles entortillées de paille ou de foin, ou placées dans un petit sac de toile, dans un chaudron qu'on emplit d'eau assez pour recouvrir les bouteilles, qu'on peut indistinctement placer debout ou couchées, selon la disposition du vase. On met le chaudron sur un bon feu, et on laisse bouillir une demi-heure, si les truffes sont flexibles et légères; trois quarts d'heure, si elles le sont peu; et une heure enfin, si elles sont d'une entière fermeté.

On retire le chaudron du feu; il faut attendre que l'eau soit tiède ou froide pour en sortir les bouteilles; sans cette précaution elles se casseraient aussitôt leur sortie de l'eau bouillante; on doit de même avoir la précaution de ne goudronner à l'endroit du bouchon, qu'autant que ce bouchon sera tout-à-fait sec, afin encore d'éviter la casse. Le goudron doit arriver au tiers du goulot en commençant par conséquent à recouvrir entièrement le bouchon.

On peut également, par ce procédé, conserver de grosses truffes sans être épluchées; il ne faut pour cela que se procurer des bouteilles à grandes embouchures et toujours de fins bouchons; mais les bouteilles doivent bouillir une heure et quart au bain-marie.

Cette conserve est sûre pour trois ans.

L'opérateur de cette conserve ne doit pas abandonner un seul instant le travail des truffes. Depuis le lavage jusqu'à ce que la conserve soit entièrement achevée, il ne doit pas y avoir d'interruption dans la manutention.

Chaque truffe épluchée ou non doit passer dans sa main et être considérée par lui fort attentivement, pour bien s'éclairer d'après les instructions que nous lui avons données :

1° Sur leur excellente qualité, qui consiste en une fermeté tant soit peu flexible, à avoir à leur intérieur de fines et blanches marbrures au milieu d'un noir parfait, et à posséder un parfum ordinaire bien caractérisé ;

2° Sur leur degré de fermeté ou de maturité, afin d'y proportionner la cuisson ;

3° Et sur l'espèce de leur nature.

Dès qu'il est assuré de connaître parfaitement la truffe sur tous ces points, l'opérateur ne doit pas être guidé par un esprit économe ni parcimonieux : sitôt qu'une truffe lui fait éprouver des doutes, que ses connaissances ne peuvent lever, il doit l'écarter et ne point tenir à l'employer.

Plusieurs expériences nous ont démontré qu'un peu de sel ordinaire, même en très-petite quantité, mis dans la bouteille en même temps que les truffes, achevait de rendre la conserve invariable ; nous avons également observé que le sel relevait gracieusement les truffes et leur ôtait un certain goût fade qu'elles gagnent par la suite en restant renfermées. Ce sel du reste ne peut leur nuire, ni empêcher qu'elles soient propres à toutes espèces de préparations, puisque de telle manière que les truffes soient employées, il faut qu'elles soient salées.

Nous avons aussi remarqué que plus les fûts étaient petits, plus il était facile de réussir cette préparation : par exemple, les demi-bouteilles sont préférables aux grandes, parce que les truffes réunies en moins grande quantité donnent plus de facilité à l'action du feu d'extraire toutes les matières dont l'intérieur de la bouteille doit être dégagée, pour qu'elle puisse se conserver. Les petits fûts sont également plus commodes pour la vente et la consommation que les grands, car si l'on n'a besoin que d'un peu de truffes, et qu'il faille déboucher une grande bouteille, on est obligé de laisser la bouteille en vidange, ou de passer le restant de la bouteille à une autre préparation, afin de ne point laisser gâter ce restant de truffes , et il perd dès-lors tout le bien-être qu'on doit attendre de cette conserve.

Les marchands ne pouvant juger de la qualité des bouteilles de truffes qu'à leur extérieur, ont imaginé que plus le suc de truffes était abondant , meilleure était la conserve : c'est d'après ce principe qu'ils se fixent généralement sur la qualité des truffes en bouteilles qu'ils achètent. Rien cependant n'est plus scabreux qu'un pareil jugement. Le plus ou moins d'abondance de jus, de suc, que rendent les truffes pendant la cuisson, vient du plus ou moins de substances aqueuses que les truffes possédaient. Ainsi plus une truffe sera ferme , moins elle rendra de jus en cuisant ; et cependant nous estimons cette qualité de truffes meilleure et plus propre à se conserver que les truffes qui possèdent une grande humidité , et qui sont par conséquent celles qui rendent une grande quantité de suc ou jus.

Quand on a besoin des truffes en bouteilles , on débouche la bouteille, et on vide les truffes sans les toucher avec la main, dans une petite terrine en terre vernie ; le jus qui se trouve dans la bouteille doit être mis à part dans un autre vase. Les truffes en cet état ne peuvent se garder que trois jours au plus. Si alors après avoir pris la quantité de truffes dont on a l'emploi, il en restait, on placera ce restant dans un pot de faïence, on y versera du saindoux bouillant pour recouvrir les truffes; elles n'ont pas besoin de cuire. De cette manière on les conservera plus long-temps. On trouvera dans un de ces chapitres la conservation et l'emploi du jus ou suc.

XVII.

Des assaisonnemens avec lesquels ont cuit les truffes.

On verra dans la majeure partie des chapitres suivans que jamais, en aucune circonstance, les aromates, tels que thym, laurier, quatre épices, avec lesquels cuisent les truffes, ne doivent être laissés dans les mets.

Pour les conserves, cette règle doit être impérativement observée. Les aromates doivent toujours être écartés des truffes; ayant cuit avec elles dans le principe conservateur, ces aromates ont dû suffisament parfumer les truffes pendant leur cuisson. Si on les renfermait avec les truffes, ils leur nuiraient étrangement, parce qu'ils se corrompent bientôt et rendent des eaux qui sont préjudiciables à la conserve.

XVIII.

Des vases dont il faut se servir pour placer les truffes en conserves.

Les truffes au saindoux et à l'huile se placent dans des vases fort épais en terre cuite vernie; leur embouchure doit être de la même grandeur du fond; ils doivent être de forme ronde et être bien plus hauts que larges : leur contenance est ordinairement de vingt à trente livres. Si les truffes doivent être expédiées, il faut les mettre dans de petits barils de même contenance, fortement construits et solidement cerclés, afin de garantir les truffes à l'huile de tout coulage, et d'empêcher l'introduction de l'air dans celles au saindoux.

Les truffes au vin doivent de même être placées dans un vase de même grandeur, forme et contenance. Seulement il ne doit pas être hermétiquement bouché; il faut pour la propreté seulement le couvrir d'une feuille de parchemin Si ces truffes doivent voyager, on les met dans un petit baril; mais arrivé à destination, le baril doit recevoir de l'air aussitôt, et les truffes en doivent être extraites immédiatement.

Les boîtes de fer-blanc ne doivent être employées que pour les truffes conservées à la glace. Avant de s'en servir, on les fait bouillir dans du vin, de l'eau, du vinaigre et des aromates, afin de les purger de tout mauvais goût.

Lorsqu'on n'a qu'une petite quantité de truffes, on se sert de petits bocaux en verre blanc, pouvant contenir une livre et plus.

XIX.

Des lieux où doivent être placées les truffes en conserve.

Toutes les truffes conservées doivent en général être mises l'été dans un endroit sec et frais, l'hiver dans un endroit à l'abri des rigueurs de la saison, c'est-à-dire qu'elles n'y puissent pas geler.

Les truffes à l'huile ou au saindoux doivent être placées dans un lieu sec et frais, dès-lors point à la cave, cela autant que possible : nous avons remarqué que l'humidité aussi bien que le soleil faisaient plus promptement rancir ces substances grasses, quand elles y sont exposées.

Les truffes au vin s'arrangeraient volontiers de la fraîcheur de la cave, si l'air qu'il faut maintenir constamment à l'intérieur du vase n'y poussait dans ce cas une humidité constante, qui aurait bientôt amolli les truffes. Il faut donc les placer aussi dans un lieu frais et sec.

Les truffes en bouteilles doivent être à la cave, ou dans tout autre lieu frais ; sur des planches trouées, le goulot renversé comme une bouteille qu'on met égoutter. Ce n'est pas que la chaleur pourrait corrompre une conserve sûre, mais parce que la fraîcheur maintient les truffes en état de fermeté. Il est inutile sans doute d'ajouter qu'on ne doit point exposer les bouteilles au temps froid pour qu'elles gèlent, car si cela leur arrivait, elles seraient perdues.

Les truffes en boîtes de fer-blanc sont invariables ; on peut les mettre en tous lieux, excepté à la cave cependant. Elles peuvent même rester exposées au soleil sans éprouver la moindre altération.

XX.

De l'emploi des substances qui ont servi à con-server les truffes.

Nous reconnaissons plusieurs substances capables de pouvoir conserver les truffes : le vin, l'huile, le saindoux. Les autres mélanges qui servent à conserver momentanément les truffes sans être cuites ne sauraient être analysables ; car ils ne peuvent se profiter en aucune manière étant tout-à-fait corrompus.

Le vin qui a conservé les truffes cuites prend, au bout d'un certain temps, un goût âpre, de moisi ou de fermenté, sans qu'aucun de ces goûts se soit attaché à la truffe. Nous n'avons pu trouver qu'un seul moyen pour tirer parti de cette liqueur et lui ôter ses défauts. On fait bouillir ce vin pendant une heure ou deux ; on y mêle plusieurs verres d'eau ou de vinaigre, et après son refroidissement ou le laisse déposer, pour l'avoir clair. Ce vin ainsi purifié ne peut servir qu'au court-bouillon ordinaire, avec lequel on le coupe par égale portion, lorsqu'on en a besoin pour la cuisson du poisson ou de tout autre chose.

L'huile ne peut non plus être profitable, si elle n'a été préalablement de même purifiée par le feu. Elle peut alors servir à la friture ; cependant encore sentira-t-elle toujours un goût de rance et d'empyreume. Jamais elle ne peut être employée à la salade, comme plusieurs personnes l'ont prétendu : non seulement ces personnes seraient incapables de pouvoir justifier ce qu'elles ont avancé ; mais nous sommes certains qu'il leur serait impossible de manger, et même de goûter seulement quelques mets qui auraient reçu de l'huile des truffes. Cette huile ne s'est nullement emparée du parfum des truffes : elle a un mauvais goût particulier ; et quand bien même elle serait restée bonne et mangeable, il lui serait donc impossible de communiquer le goût de truffes, puisqu'elle ne le possède pas elle-même.

Le saindoux ou la graisse sont les seules substances conservatrices qui puissent se profiter, encore faut-il qu'elles n'aient pas été renfermées plus d'un an avec les truffes, et qu'on ait bien eu soin d'extraire des truffes les parties humides, c'est-à-dire, avoir conservé les truffes sèches et saines de manière à ce qu'elles n'aient pu déposer au fond du vase des substances aqueuses; car alors le saindoux serait tout-à-fait aigre ou rance; indépendamment les truffes en auraient souffert beaucoup; mais le saindoux principalement serait dans un piteux état; dans tous les cas, il demande à être purifié. Voici le procédé qu'il faut employer : dès que les truffes sont extraites du saindoux, on le met dans une casserole sur un feu ardent. On y met un bon tiers d'eau, on fouette fortement, et on fait bouillir pendant deux heures; on a soin d'écumer souvent; on retire ensuite ce liquide du feu, et on le laisse refroidir pour extraire l'eau et un espèce de dépôt qui s'y trouvera. Le lendemain on fait rebouillir de nouveau le saindoux pendant deux heures avec une même quantité d'eau nouvelle, et on laisse refroidir pour retirer l'eau du saindoux, comme on l'a déjà fait ; puis on met le saindoux dans des pots de faïence, avec du sel à sa surface, en attendant qu'on en ait l'emploi. Par ce moyen le saindoux est totalement purifié ; il est dès lors profitable ; de même que l'huile, il ne s'était point imprégné du goût des truffes : ainsi son mauvais goût passé, il n'en possède plus aucun autre.

XXI.

Comment s'emploient les truffes conservées.

Les truffes de toutes les conserves, avant d'être mêlées aux mets, doivent subir une cuisson préparatoire d'un petit quart d'heure environ. Il faut préalablement les dégager de toutes les choses qui ont servi à les conserver, excepté celles à la glace qui ne doivent point quitter leur préparation. On ne doit point les saler, ni les aromatiser pour s'en servir. On peut choisir pour les faire cuire ce qu'on aime le mieux d'après l'emploi qu'on en veut faire ; mais il sera très-bien pour les truffes au vin, à l'huile ou au saindoux, que ce qui doit servir à la cuisson se compose de bon jus de viandes, beurre, lard et autres gras nourrissans.

Les truffes en bouteilles s'emploient abso-

lument, comme les fraîches, par les mêmes
méthodes, c'est-à-dire qu'il faut dans mainte
occasion les passer au beurre, ou à la
graisse avant de les mettre dans les mets presque cuits. Celles-ci doivent être un peu salées,
surtout si elles ne l'ont point été lors de leur
mise en bouteilles.

On doit éplucher les truffes en conserve, qui
ne le seraient pas, si elles doivent être épluchées d'après la disposition des mets dans lesquels on les place.

XXII.

*Conserve et emploi du jus des truffes conservées
en bouteilles.*

Le jus des truffes qui se trouve dans les bouteilles après la cuisson ne peut à l'air se conserver plus de vingt-quatre heures. Après l'ouverture de la bouteille, si l'on n'a pas sur-le-
champ l'emploi du jus qui s'y trouve, on peut
le conserver en le mettant dans un flacon, qu'on
bouche hermétiquement et qu'on passe une
demi-heure au bain-marie.

On ne peut employer ce jus que dans des

23

sauces : il ne peut être ajouté à la farce qui doit entrer dans une volaille, dans une galantine. Il porte un goût d'éventé; aussi doit-on le poivrer, saler et aromatiser, non pour le conserver, mais pour s'en servir.

CHAPITRE V.

TRUFFES DÉCOMPOSÉES.

I.

TRUFFES EN POUDRE.

On doit apporter le plus grand soin à l'exécution de cette opération ; le choix des truffes doit être fait d'une manière attentive. Les truffes doivent toutes être d'une saine et fraîche constitution. Il est superflu de dire qu'aucune truffe vicieuse ne peut servir ; elle nuirait à la réussite du procédé.

Lorsque les truffes sont lavées, égouttées et

séchées, on les épluche avec soin, et on jette
les épluchures : elles ne s'emploient point.
On met les truffes épluchées dans un mortier
tout d'abord et sans être cuites ; on les pile
jusqu'à ce qu'elles soient bien pulvérisées; on
les met alors dans des assiettes, que l'on place
sur de la cendre tiède; on les y laisse plusieurs
heures, on recommence ensuite à les piler et
à les faire sécher de même que précédemment :
cette opération doit être renouvelée sept à huit
fois, jusqu'à ce qu'enfin on ait obtenu une
poudre à peu près semblable au poivre moulu.
Elle doit être très-sèche pour qu'elle puisse se
conserver. Lorsqu'on en est sûr, on met cette
poudre en flacons de verre, qu'on bouche très-
hermétiquement en garnissant le bouchon de
cire-goudron. Les flacons doivent contenir un
quart de livre au plus ; ils se placent dans une
armoire de manière à ce qu'ils ne puissent recevoir de l'humidité.

Cette poudre, dont on trouvera l'emploi dans
ces chapitres , peut se conserver fort long-
temps, et possède à toujours tout le parfum
ordinaire des truffes.

II.

ESSENCE DE TRUFFES.

Nouveau moyen simple de l'extraire.

Si nous avons recommandé le plus grand soin pour le choix des truffes à employer pour les truffes en poudre, à coup sûr, ici, ce soin doit être porté au plus haut degré. Nous recommandons expressément à toutes les personnes qui se livreront à l'exécution de ce travail, de consacrer quelques instans à étudier, d'après les indications que nous croyons avoir données d'une manière assez claire dans ce volume, la nature des truffes et leur bonne ou mauvaise qualité. Les truffes dont on doit se servir doivent avoir les qualités les plus parfaites, être saines, fraîches, moelleuses et d'un parfum ordinaire bien caractérisé ; c'est surtout en cette occasion qu'on doit craindre les défectueuses, car si par hasard il s'en fourrait quelques-unes parmi les bonnes, toute l'opération manquerait.

Lorsque les truffes sont lavées, égouttées ou séchées et épluchées, on les met dans un mortier en les saupoudrant de quelques grains de sel ; on pile fortement jusqu'à ce que les truffes soient en pâte liquide ou en bouillie ; alors on met cette pâte, sans en rien extraire, dans des bouteilles pareilles à celles dont on se sert pour conserver les truffes, qu'on bouche fortement avec de gros bouchons et qu'on fait cuire de même au bain-marie, mais pendant deux heures. Dès que les bouteilles sont froides, on les débouche et on en extrait aussitôt la partie liquoreuse, qu'on met dans un vase à part ; l'autre partie épaisse, compacte est aussitôt pilée de nouveau dans le mortier, replacée en bouteilles, recuite de même qu'auparavant, et lorsque les bouteilles se sont refroidies, on débouche de nouveau, pour extraire le liquide, qu'on verse dans le même vase que le précédent ; on repile le marc une troisième fois, s'il est encore quelque peu humide, et on le soumet immédiatement à une légère pression, afin d'extraire le restant du suc : sitôt cela fait, on mêle tout le liquide ensemble ; on le clarifie par le feutre ou le papier, puis on le met en flacons, qu'on bouche solidement en mettant sur le bouchon une croisée de fil de fer qui le retient au goulot ; on passe ensuite les flacons une demi-heure au bain-marie. Lorsqu'ils sont froids, on goudronne à l'endroit du bouchon.

Les résidus ou le marc doit être jeté, n'étant bon à rien.

Les flacons doivent être de la contenance d'un huitième de litre; c'est ce qu'on obtient avec deux livres de truffes environ: on doit placer les flacons dans un endroit sec et frais. Lorsqu'on en met un en vidange, pour s'en servir habituellement, il faut avoir soin de le tenir continuellement bien bouché.

L'emploi de cette essence est indiqué aux articles qui la concernent; sa conservation est d'une très-longue durée; on peut presque dire qu'elle n'a pas de fin. Cette essence possède à un haut degré le parfum le plus exquis des truffes.

III.

Manière d'employer la poudre et l'essence des truffes.

La poudre de truffes est appelée à remplacer les truffes fraîches entières, dans les prépara-tions où l'action violente du feu serait de nature à les détruire, sans que la préparation ait tiré d'elle aucun parfum.

Dans les cas où on emploie les truffes entières pour parfumer seulement les préparations, la poudre les remplacera avec avantage et l'on obtiendra par elle beaucoup plus de parfum avec beaucoup plus d'économie, car une truffe entière, eût-elle bouilli pendant nombre d'heures, il reste toujours en elle la majeure partie de son parfum. Il faudra donc moitié moins de truffes en poudre, qu'il en faudrait en employant des truffes entières pour obtenir la même dose de parfum.

La poudre de truffes s'emploie le plus ordinairement pour parfumer les sauces ; ajouter aux aromates du court-bouillon dans lequel cuit le poisson ; décors de petits hors-d'œuvre ; pour compléter la force d'une volaille, quand on n'a pas assez de truffes ; pour parfumer la cuisson des galantines ; pour le beurre frit au noir et généralement pour parfumer ou décorer toutes choses dans lesquelles on ne peut faire entrer des truffes entières, par la raison que nous avons donnée plus haut.

Lorsque d'après la composition du mets, la

poudre qui y est placée doit être mangée, il faut avant de s'en servir la mettre sauter dans du beurre ou de la graisse en la saupoudrant de poivre et de sel ; pendant qu'elle est sur le feu on remue constamment jusqu'à ce qu'elle fasse pâte ; on la délaye ensuite dans la sauce où on doit la mettre. Lorsqu'elle ne doit pas être mangée , qu'elle doit servir seulement à communiquer son parfum , on en met dans un petit morceau de toile , que l'on ferme avec du fil en forme de sachet et sans aucune préparation préalable ; on la jette indifféremment dans la sauce avec tous les autres assaisonnemens qu'on peut employer , on l'y laisse pendant tout le temps que dure la cuisson. Inutile de dire que la poudre qui a servi à une cuisson n'est plus propre à resservir.

L'essence des truffes a de plus que les truffes elles-mêmes la propriété de pouvoir parfumer des mets dans lesquels ni les truffes entières ni la poudre ne peuvent entrer.

Le parfum des truffes réduit ainsi à sa quintessence , propage avec véhémence le goût des truffes : il suffit d'en répandre seulement quelques gouttes dans les mets qu'on veut parfumer.

Les légumes, le poisson, la pâtisserie, la viande, dont plusieurs genres d'apprêts excluent totalement l'introduction des truffes entières, n'auront plus à se passer de ce parfum par l'emploi de l'essence.

Les mets sur lesquels on répand de cette essence doivent être chauds; s'ils ont une sauce, on doit multiplier la dose, de même que lorsque les mets devront rester sur le feu. On ne peut employer l'essence avec autant d'avantage dans les mets froids.

CHAPITRE VI.

CUISINE.

QUELQUES INDICATIONS PRÉLIMINAIRES.

I.

Des substances avec lesquelles les truffes ne peuvent s'allier.

La truffe est une substance mangeable; elle

ne peut être employée autrement que pour être mangée : son parfum et son goût ne peuvent se communiquer par infusion ; aussi, le liquide quel qu'il soit, dans lequel on met en ébullition une certaine quantité de truffes, ne peut se goûter ni se boire ; il acquiert un mauvais goût, il ne peut se consommer de telle manière que ce soit.

On a remarqué que le sucre, le lait, l'eau-de-vie, l'esprit et les liqueurs n'étaient point propres à être en rapport avec les truffes ; ces substances expriment des goûts tout-à-fait opposés au leur ; elles ne peuvent donc être mêlées avec elles.

Si les truffes sont mises dans du sel seul, elles se corrodent et s'anéantissent en très-peu de temps ; avec du bouillon ordinaire de viande seul, elles prennent un goût d'éventé ; avec le vin pur elles prennent un goût âcre, et perdent toute leur saveur.

On doit éviter de les faire cuire dans les mets qui ont une grande quantité d'ognons, et ne jamais les faire cuire avec les champignons. Elles ne peuvent point accompagner les mets au fromage.

II.

Des substances qui conviennent aux truffes.

Ce que les truffes affectionnent le plus , ce
sont les corps gras ; la chair compacte de la
truffe a besoin de matières onctueuses pour la
nourrir et la dilater. C'est aussi l'alliance des
corps gras avec elle qui dispose son goût délicat
et qui achève de faire éclore en elle tout ce que
ses pores renferment d'excellent.

Quelle que soit la disposition de leur cuisson,
il est toujours très-convenable , même pour
les mettre au maigre , de leur faire subir un alliage préparatoire de choses grasses.

III.

De la qualité des choses qui ont ou qui ont eu
des truffes.

Les objets dans lequels se trouvent des truffes
doivent être mangés promptement dès qu'ils
sont cuits, du jour au lendemain , par exemple ;
un plus long délai ferait tourner ou bien aigrir
et les truffes et les choses qui les contiennent.

On doit éviter autant que possible de faire réchauffer souvent les mets aux truffes ; mais encore ne faut-il point les manger froids , surtout lorsqu'ils sont gras.

Si avant de les faire cuire, les pièces truffées sont laissées en cet état plus de quatre jours par un temps chaud , et huit par un temps froid , les truffes s'aigrissent et communiquent leur goût d'aigre aux autres matières qui les renferment.

IV.

De la marinade.

La marinade a pour effet de communiquer aux choses qui en ont besoin tous les assaisonnemens qui ne peuvent être mis avec elles dans les mets.

La marinade se compose de thym , girofle, quatre épices, laurier, persil , ciboules, sel, poivre et truffes en poudre. Tout cela doit être réuni dans un petit sac, qui se met infuser pendant au moins vingt-quatre heures dans une certaine quantité de vinaigre mêlé de vin ou d'eau. Dans les cas où cela est indiqué, on

trempe les truffes dans cette sauce en les piquant avec la lardoire, pour faciliter en elles
l'introduction des aromates.

V.

De la vigilance qu'on doit apporter au travail des truffes.

L'odeur si volatile des truffes s'en échappe
facilement, lorsque après être lavée et épluchée, la truffe est laissée errer pendant plusieurs jours çà et là dans une cuisine, et ailleurs, où toutes fumées et odeurs se répandent,
où le froid et le chaud peuvent les sécher avec
rapidité.

Ainsi on ne doit laver et éplucher les truffes
que le jour où on doit les employer; le matin pour le matin; le soir pour le soir; à l'instant même de s'en servir, si c'est possible.

VI.

De la cuisson des truffes.

Pour les conserves, on doit rigoureusement

suivre notre indication pour le temps de cuisson
que nous avons fixé à chacune.

Pour les mets à l'ordinaire, on reconnaît que
les truffes sont suffisament cuites aux indices
suivans :

Lorsque étant coupées en morceaux carrés ou
longs, ils sont amollis ; lorsque étant entières
épluchées, elles souffrent aisément l'introduction de la pointe d'un couteau ou d'une four-
chette ; qu'on prenne garde à ce qu'elles ne
cuisent trop, parce que si elles l'étaient, elles
seraient dures, fermes ; et par ce que nous
venons de dire, elles indiqueraient tout le contraire, c'est-à-dire qu'on les penserait point
encore cuites, tandis qu'elles le seraient trop ;
lorsque étant non épluchées entières, elles
fléchissent en les pressant avec les doigts.

VII.

De la place des truffes au service de la table.

Les truffes se placent généralement partout
et à volonté ; excepté au dessert, on peut les

approprier à tous les services d'après les mets qu'elles accompagnent.

Les grosses truffes au naturel se servent ou pour entrée ou pour rôti. Si l'on a pour entrée des truffes à la sauce, on doit servir pour rôti celles au naturel.

Toutes les truffes à la sauce, excepté celles des hors-d'œuvre peuvent accompagner les viandes rôties.

Toutes les truffes isolées formant seules un plat doivent être servies pour entrée ; toutes les autres sont réservées pour les entremets.

Les pièces truffées e tla pâtisserie aux truffes restent aux places qui leur sont ordinairement assignées.

Il n'est rien dérogé aux règles des places occupées par les mets dont les truffes ne sont qu'un auxiliaire.

Dans une table bien servie il doit y avoir des truffes à chaque service.

Les truffes dans leur mélange avec les mets, ou lorsqu'elles forment un plat à elles seules, ne doivent point être d'une quantité mesquine ; il vaut mieux qu'elles fassent une irruption marquante, que plusieurs faibles apparitions.

Les déjeuners d'extra, pour qu'ils soient at-
trayans, doivent être faits sans ordre de service,
même un peu à tort et à travers : on doit s'attacher seulement à l'excellence des mets. Peu
importe que telle chose doive se manger avant
telle autre, l'appétit d'un gourmand, qui le
matin est déraisonnable, ne fait pas de calcul,
et s'accomode avec plaisir de cet esprit dé-
réglé. C'est à l'opérateur cuisinier à bien saisir
l'à-propos des circonstances. Inutile de dire que
les truffes vont partout, accompagnent tout,
et qu'il faut avoir soin, par la succulence de
leur apprêt, de leur ménager une marche brillante, non interrompue.

CHAPITRE VII.

CUISINE.

I.

DIFFÉRENS APPRÊTS DE TRUFFES SEULES.

Au naturel.

Il faut les truffes grosses et rondes : lavez-les

bien seulement et faites-les cuire pendant trois quarts d'heure, soit dans un court-bouillon, du saindoux ou de la glace de viande ; mettez-y thym, laurier, quatre épices, sel, etc., le tout en quantité raisonnable ; vous retirez les truffes quand elles sont cuites, et les mettez égoutter : il faut avoir soin de tenir leur extérieur dégagé des substances de leur cuisson ; en y jetant de l'eau chaude dessus, vous les aurez nettes et propres ; ensuite avec des épines, ou petites broches de bois, vous en formez selon le goût un rocher, une pyramide, une arche, etc. Il faut servir ces truffes le plus chaud possible.

Au vin.

Les truffes doivent être grosses ; lavez-les, mais ne les épluchez pas. Mettez-les cuire pendant trois quarts d'heure dans du bon vin blanc qui ne soit pas doux, et dans lequel vous mettez des aromates, de bons gras, tels que résidus de volaille, lard maigre, etc. Au moment de servir vous les retirez de la sauce pour qu'elles égouttent, et servez chaud sur un plat échauffé.

Au beurre.

On prend pour cela de jolies petites truffes rondes ; épluchez-les, mettez-les dans une casserole avec du beurre seulement fondu, fines herbes, lard ou jambon haché, assaisonnement. Faites cuire doucement pendant une demi-heure ; ensuite retirez les truffes ; cela fait, vous versez sauce et truffes ensemble dans une saucière ; vous avez soin de les tenir chaudes jusqu'au moment de servir.

A la serviette.

Faites un bon court-bouillon composé aux trois quarts de bon vin ; placez-y vos truffes, qui doivent être grosses et non épluchées. Laissez cuire trois quarts d'heure , égouttez-les, et servez-les chaudes sous une serviette, sans sauce.

A l'huile.

Faites-les cuire épluchées ou non , selon la volonté , dans un court-bouillon, comme celui de celles conservées, mais un peu moins longtemps. Egouttez-les et servez-les chaudes, arrosées d'huile ; l'huile ne se met qu'au moment de servir.

A la lyonnaise.

Brossez, c'est-à-dire lavez seulement les truffes ; faites-les cuire au court-bouillon pendant un petit quart d'heure ; après, retirez-les et laissez-les égoutter; faites une sauce blanche bien fine, mettez-y un peu d'ail, coupez-y les truffes en deux, trois ou quatre morceaux carrés ; vous les mettez dans la sauce mijoter sur le feu pendant huit à dix minutes. Cette sauce est l'accompagnement du poisson froid servi au déjeuner.

A la provençale.

Il faut laver, mais ne pas éplucher les truffes. Mettez-les cuire, comme cela est indiqué pour celles au vin et dans la même préparation. Elles doivent seulement être plus abondamment assaisonnées ; ajoutez-y un peu d'ail et laissez cuire une heure ; retirez-les aussitôt qu'elles sont cuites ; mettez un peu d'huile dans une casserole avec les truffes, auxquelles vous faites

une petite sauce légère, en y mettant un peu
de la sauce de leur première cuisson : elles ne
doivent que voir le feu. Vous les arrosez d'un
jus de citron.

A la languedocienne.

Vous ferez cuire les truffes entières sans les
éplucher, dans un peu de bonne huile, poivre,
sel, assaisonnement : on y mêle un peu de vin
et de bouillon ou eau ; le tout doit se mijoter
un bon quart d'heure. On retire les truffes ; on
les fait égoutter, et on les met sur le plat entourées de petits ognons hachés, céleri, ail, etc. ;
l'huilier doit toujours accompagner ce plat.

A l'italienne.

Épluchez les truffes ; coupez-les par feuilles
épaisses de manière à ne faire que deux ou trois
morceaux d'une moyenne truffe ; faites-les
sauter quelques minutes dans du beurre aromatisé, et assaisonné de sel et de poivre ; versez
un peu de bon vin et quelques cuillerées de
bonne huile ; faites ensuite à part une petite
sauce bien fine ; vous la tournez au blanc, en

la liant avec un peu de farine et plusieurs jau-
nes d'œufs ; ajoutez-y quelques gouttes d'huile ;
retirez les truffes de leur première cuisson et
mêlez-les avec cette sauce. Vous devez servir
très-chaudement.

A l'espagnole.

Coupez les truffes en quatre morceaux après
les avoir lavées et épluchées ; faites-les sauter
dans un peu d'huile en y ajoutant ciboule ha-
chée, poivre, sel, épices et laurier. Quelques
tours suffisent pour les cuire. Un peu avant de
les sortir du feu, vous mouillez votre sauce d'un
peu de vin de Madère, et vous achevez par une
liaison avec un peu de farine et un jaune d'œuf.

Cuites sous la cendre.

Nous avouerons que cette méthode de faire
cuire les truffes n'a point notre agrément.
Quelles que soient les précautions qu'on puisse
prendre, on ne peut arriver qu'avec beaucoup
de difficulté à obtenir un parfait état de cuisson ; encore est-il impossible d'empêcher que
les truffes ne brûlent et ne prennent un goût
désagréable en partie.

En Provence on emploie dans ce genre de cuisson le meilleur moyen ; c'est celui que nous allons indiquer : avec un couteau on fait des fentes à la truffe en plusieurs endroits pour pouvoir y introduire poivre, sel et assaisonnement ; on la plonge dans de l'huile ; on la recouvre ensuite de papier huilé ; puis on l'enveloppe de nouveau avec du papier mouillé pour la faire cuire une heure au moins sous la cendre bien chaude.

Cette méthode, toute imparfaite qu'elle est, est la seule qui peut être employée ; car lorsqu'on emploie du lard, du beurre ou de la graisse, comme plusieurs personnes ont indiqué de le faire, les truffes prennent le goût de graisse brûlée, que leur donnent ces matières en se répandant dans le feu.

Truffes farcies.

Prenez de grosses truffes ; ne les épluchez pas, lavez-les avec soin seulement, puis coupez-les par le milieu en deux portions égales. Otez à l'intérieur de chaque morceau avec la pointe d'un couteau de quoi faire une concavité ; alors faites-les cuire en cet état au court-bouillon ou

au vin pendant une demi-heure ; puis retirez-
les , laissez-les égoutter.

Composez ensuite une farce selon votre goût :
vous pouvez en faire une avec jambon , anchois, thon , câpres, cornichons et assaisonnement haché , et à laquelle vous joignez les
débris de truffes enlevés, que vous coupez par
petits morceaux , et que vous faites revenir dans
un peu d'huile. Vous en faites une autre avec
blanc de volaille , gibier et assaisonnement, à
laquelle vous mêlez également vos débris des
truffes , et que vous faites revenir dans le
beurre.

Vous emplissez de farce vos morceaux de
truffes, que vous avez eu soin de tenir chauds ;
vous réunissez deux morceaux ensemble , que
vous fixez au moyen d'une petite broche de
bois de manière à former la truffe entière.

Les truffes qui contiennent la farce de poisson se servent à l'huile , celle de volaille au
milieu d'un bon morceau de beurre très-chaud.

Truffes en papillottes.

Epluchez les truffes , coupez-les par mor-

ceaux carrés et faites-les sauter avec assaisonnement dans du bon beurre. Faites une farce
bien fine avec volaille, gibier, jambon, etc.,
que vous arrosez de quelques gouttes d'essence,
et que vous faites revenir quelques minutes.
Vous placez ensuite votre farce et les truffes
dans du papier huilé en donnant à cette composition la forme d'une côtelette ; vous refermez
votre papier, le mettez quelques minutes sur le
gril ou au four, et vous servez chaud.

A la sauce piquante.

Épluchez les truffes dès qu'elles sont brossées,
jetez-les dans un bouillon fin et aromatisé ;
laissez cuire un bon quart d'heure, retirez-les
ensuite, coupez-les par morceaux carrés ; com-
posez-une bonne sauce piquante, jetez-y les
morceaux de truffes, que vous y laisserez mijoter quelque temps pour les achever de cuire.
Ces truffes accompagnent très-bien les viandes
bouillies.

En capilotade.

Coupez par morceaux carrés de petites truffes

épluchées que vous passez au beurre tout d'abord en les assaisonnant de sel, poivre et aromates ; hachez bien menu du jambon de Bayonne ; faites le sauter avec les truffes en arrosant le tout de bouillon ; lorsque c'est cuit, mêlez-y un peu de mie de pain avec le jus d'un citron. Ce mets se sert pour accompagner les petits oiseaux et les petits poissons.

A la broche.

Faites choix de très-grosses truffes ; ne les épluchez point ; piquez-les de lard fin et d'un clou de girofle coupé en quatre ; assaisonnez-les de poivre, sel et quatre épices ; enveloppez chaque truffe d'une bande de lard, de manière à la recouvrir entièrement ; mettez une autre enveloppe de papier huilé en ficelant ; ensuite vous attachez ces truffes à la broche, comme on le fait pour les petits oiseaux : une demi-heure suffit pour les cuire ; il ne faut pas faire grand feu. Au moment de servir, vous ôtez l'enveloppe et les mettez nues sur un plat échauffé.

Aux champignons.

Les truffes ne peuvent point cuire avec les champignons; l'une et l'autre de ces substances se communiquent en cuisant un mélange de fumet désagréable à toutes deux; il faut donc faire cuire les truffes à part.

Épluchez les truffes, laissez-les entières et passez-les au beurre; faites ensuite un bon sauté de champignons dans la même sauce, après en avoir, bien entendu, retiré les truffes : les champignons cuits, vous remettez les truffes dans la casserole aux champignons, vous les assaisonnez et les faites mijoter sur le feu pendant un petit quart d'heure. On peut servir ce mets avec le canard, le perdreau et tout le gibier en sauce.

En salade.

On doit avoir de petites truffes; épluchez-les, faites-les cuire dans du bouillon bien nourri et aromatisé, laissez bouillir une demi-heure, retirez-les et coupez-les en morceaux ronds et épais, hachez bien fin une sardine, ou

anchois, thon, ognons, ail et assaisonnement,
pilez des œufs durs, délayez cette pâte dans
de l'huile, placez-y les truffes, faites sauter, et
servez en y joignant un jus de citron.

En matelote.

Lavez de grosses truffes; il n'est pas besoin
de les éplucher: faites-les cuire dans du bon
vin rouge, dans lequel vous mettez poivre,
sel, quatre épices, ail, girofle, laurier, un peu
d'ognons et un peu de panne; ayez des filets de
petites truites, de petits éperlans, que vous
faites cuire avec les truffes : le tout ne peut
rester plus d'une demi-heure au feu; vous
faites réduire votre sauce, et l'achevez comme
pour la matelote ordinaire. Il faut peu de
sauce.

En petits hors-d'œuvre.

Ayez de jolies petites truffes, bien rondes,
épluchez-les, assaisonnez de poivre, sel,
quatre épices, et faites les cuire pendant une
demi-heure dans du bon bouillon bien nourri.

On les retire, on les fait égoutter, puis elles
sont propres à être mélangées chaudes parmi
toutes espèces de hors-d'œuvre, cornichons,
câpres, huile et vinaigre, etc., et poisson
mariné.

À toutes sauces.

Faites cuire dans de bons gras réduits, du
bouillon ou de la glace de viande, pendant une demi-heure, une certaine quantité de
petites truffes épluchées; salez et aromatisez
modérément, laissez-les entières; lorsqu'elles
sont cuites, retirez-les du feu en les sortant de
leur liquide de cuisson; elles sont bonnes ainsi
à être mangées seules sans sauce. On peut également, à l'occasion, les faire entrer dans toutes
sortes de mets cuits; ces truffes se servent pour
accompagner les viandes bouillies.

En coquilles de volaille.

Prenez de petites truffes épluchées, coupez-
les en deux ou trois morceaux longs; salez,
épicez et aromatisez un morceau de beurre, dans

lequel vous ferez sauter vos truffes ; vous composez ensuite une farce avec jambon, blanc de
volaille , gibier , etc. , qu'on hache bien menu ;
on y joint quelques champignons cuits. Mêlez
cette farce à vos truffes , laissez cuire dix minutes le tout ensemble ; placez ensuite tout cela
dans vos coquilles, qui doivent être un peu
grandes, vous mettez à la surface des morceaux
très-minces de volailles coupés en losange :
panez et mettez au four.

En coquilles de poisson.

C'est ordinairement à la poulette ou au blanc
qu'on doit tourner la sauce qui cuit les filets de
poisson parés et coupés en morceaux. Le poisson
ne se hache pas en farce comme la viande ; il
demande à être un peu moins salé et aromatisé,
parce qu'on prend pour cela celui qui l'est déjà
un peu, comme thon, anchois, merlans, etc.
Passez de petites truffes coupées en trois morceaux dans une assez grande quantité de beurre,
vous les salez et épicez ; quand elles sont un peu
cuites, vous y joignez champignons cuits et vos
morceaux de poissons cuits ; maintenez la sauce

abondante, garnissez vos coquilles, panez et mettez au four.

II.

DES SAUCES EN GÉNÉRAL.

En langage de cuisine on nomme sauce la réduction en liquide de l'essence de viande, légumes, etc., avec le mélange de certains aromates, de certaines substances vineuses ou farineuses. Ces sucs sont les excipiens indispensables d'une cuisine d'un ordre un peu élevé.

On les divise en deux classes : grandes et petites sauces. Les grandes sauces ont des règles, des lois, et on ne saurait s'en écarter sans commettre des fautes graves. Les principales sont appelées : grand bouillon, aspic, jus, glace, velouté, brune, espagnole, béchamel. Les petites sauces sont à l'infini, et quoiqu'il y en ait beaucoup que l'usage a constituées, elles sont laissées pour la plupart au goût, au talent et au discernement du cuisinier.

Il y a des sauces chaudes et froides.

Les sauces chaudes sont celles qui servent à la confection d'un mets et qui lui apportent son genre particulier de préparation.

Dans celles-ci pour y introduire le parfum des truffes , il est essentiel de bien se convaincre de deux choses : la première c'est que les truffes ne doivent y être mises entières ni pilées ; la seconde , c'est d'éloigner de leur cuisson les légumes , le vinaigre et la farine , afin de ne les y réunir que lorsque ces substances sont presque cuites.

Dans la cuisson des viandes que vous faites réduire en jus , ajoutez une assez grande quantité de truffes en poudre en même temps que les assaisonnemens. Si vous avez à mettre des légumes dans votre sauce , vous ne les y placez que cuits, et au moment de clarifier le liquide seulement. Ce liquide froid, déposé et clarifié, doit être passé à l'étamine ; alors vous le remettez sur le feu ; lorsqu'il est chaud , vous y versez une ou deux cuillerées plus ou moins, suivant la quantité d'essence de truffes , en même temps que vous sortez la sauce du feu, et en ayant soin de bien remuer avec la spatule.

La farine, les œufs ne se placent qu'après l'introduction des truffes.

Les sauces froides, c'est-à-dire qu'on peut manger froides, demandent à être confectionnées avec soin. Il faut un tact rare pour bien exécuter les plus compliquées, comme l'aspic par exemple ; et ce n'est qu'à un cuisinier plein d'expérience et d'habilité qu'on doit confier l'exécution de ce travail, dont la réunion des truffes vient augmenter les difficultés à surmonter.

Jetez, de même que dans les sauces chaudes et dans la cuisson des viandes, un paquet de truffes en poudre : vos sauces ou gelées éclaircies, déposées et clarifiées, vous les remettez sur le feu : au même instant on y verse de l'essence de truffes, et lorqu'elles commencent à chauffer, vous les ôtez du feu en remuant avec la spatule.

Disposez vos moules ou vos plats, arrangez les sauces comme d'ordinaire ; pour celles que vous aurez à parer ou décorer de truffes, procédez ainsi : faites cuire, dans du bouillon simple ou jus avec asaisonnement, de petites truffes rondes épluchées, laissez-les entières, ensuite arrangez-les gracieusement dans le moule ou sur le plat, pour décorer votre glace. De telle manière que vous puissiez les mouler, vous ne pourrez leur donner plus de grâce qu'en cet état naturel.

Toutes les sauces en général peuvent recevoir les truffes par les procédés que nous venons d'indiquer.

III.

POTAGES.

Les truffes ne peuvent être mises dans toutes espèces de potages; on doit surtout les éloigner de ceux composés de bouillon simple, et dans lesquels entrent du pain. Elles accompagnent très-avantageusement ceux que nous allons indiquer, qui sont du plus grand luxe, et d'une succulence achevée.

Au riz.

Faites cuire le riz dans l'eau comme à l'ordinaire, mettez-y seulement un sachet de truffes en poudre ; dès qu'il est crevé , retirez-le et égouttez-le.

Mettez ce riz dans une casserole avec assaisonnement, un peu de graisse, beurre ou huile ; faites sauter ; ajoutez un peu de safran et une cuillerée d'essence de truffes; dégraissez-le, qu'il y ait peu de sauce ; achevez-le et donnez lui bon goût. Vous le placez ensuite dans la soupière.

Prenez des truffes court-bouillonnées non épluchées, coupez-les en morceaux ronds et un peu épais , et placez-les chaudes sur le riz que vous aurez dû maintenir bouillant pour être servi.

Les personnes habitant les ports de mer pourront faire cuire des coquillages dans de l'eau avec un sachet de truffes en poudre , et en décorer leur potage , en les plaçant sur les truffes.

Aux pâtes d'Italie.

On peut également faire ces potages comme le précédent. Il est des pâtes d'un goût plus fin les unes que les autres : voici comment on devra procéder pour les pâtes de choix.

Faites cuire les pâtés comme à l'ordinaire, qu'il y ait un sachet de truffes en poudre dans la cuisson des pâtes ; en finissant votre potage, vous retirez le sachet de truffes en poudre, et vous ajoutez deux cuillerées d'essence de truffes : maintenez chaud votre potage.

Prenez un pâté de foie d'oie, dont la confection date de six ou huit jours ; ôtez-en le couvercle et videz-le avec une cuiller, en ayant la précaution de ne pas endommager la croûte, qui doit être entière et sans défaut ; passez cette croûte au four quelques minutes, retirez-la aussitôt.

Videz votre potage chaud dans la croûte du pâté chaud, fermez-le de suite avec son couvercle, et maintenez-le autant que possible dans cet état de chaleur. Le potage doit être vidé dans le pâté une heure au moins avant d'être servi.

A la purée de gibier et autres.

Au moyen de la poudre et de l'essence vous pourrez parfumer les potages aux grenouilles, aux écrevisses, à la tortue, aux purées de gibier, et enfin tous les composés de ce genre.

Vous employez la poudre au sachet, que vous mettez dans l'eau de cuisson première de vos objets, et vous employez l'essence pour achever le potage : il faut absolument que ces potages soient mangés très-chauds.

IV.

HORS - D'ŒUVRE FROIDS.

On nomme hors-d'œuvre proprement dits, des mets composés de la réunion des morceaux de plusieurs mets cuits et froids, soit de viande, légume ou poisson ; ces mets doivent être âpres et abondamment salés. Les principaux à la truffe sont ceux que nous allons rapporter.

Assiette provençale.

Elle doit être composée par une main experte ; ce hors-d'œuvre étant très-recherché et très-distingué, c'est avec goût qu'on doit procéder à son exécution.

Ayez anchois, thon, câpres, olives, cornichons, saumon, œufs durs entiers.

Hachez persil , ciboule , jaune et blanc d'œuf dur sans rien mélanger.

Faites cuire au vin de très-grosses truffes non épluchées, et des petites épluchées.

Tout cela étant ainsi disposé et préparé , procédez :

Prenez un assez gros morceau de thon taillé de forme longue et pointue ; placez-le au milieu de votre plat en pyramide ; prenez les anchois , séparez-les en deux , ne les amincissez pas davantage , qu'en leur ôtant l'arête du milieu , et placez-les à l'entour du thon , de manière que la tête arrive au bord du plat ; remplissez alors les interstices par des moitiés d'œufs durs, que vous rapprocherez le plus près des bords du plat ; vous remplirez l'espace qu'il y aura de l'œuf au thon par câpres , olives , cornichons , disposés avec goût et de manière à faire un mélange de couleurs agréables à l'œil ; c'est ce que vous aurez soin de considérer en plaçant , sur tout cela persil et ciboule, qui vous donnera la couleur verte ; le jaune d'œuf, le jaune ; le blanc d'œuf , le blanc ; et les truffes , le noir : ces dernières ne se pèlent , ne se hachent , ni ne s'amincissent pas, comme vous savez ; mais vous pouvez suppléer à cet inconvenient en en tirant de jolies formes avec un moule que vous placerez sur les bords de votre assiette ; pour celles-ci , vous prenez les petites truffes. Votre assiette à ce point , il vous reste à placer vos grosses truffes : c'est à l'entour de la pyramide de thon que vous les attachez gracieusement avec des broches de bois , de manière à en former un rocher , une grotte, une arche , etc. ; la couleur verte vous sera d'un grand secours pour cette imitation ; vous devez surtout vous attacher à ce que votre assiette terminée ne laisse apercevoir ni les anchois , ni les œufs entiers , ni le thon : votre dessin doit tout cacher.

Un quart d'heure avant de servir , versez de la bonne huile.

Assiette lyonnaise.

Ce sont des morceaux des différentes préparations du cochon qui forment sa composition , ainsi que plusieurs morceaux de bœuf froid ou gibier. On doit seulement faire choix des plus fins.

Faites cuire au vin , à la graisse ou au court-bouillon de grosses truffes sans être épluchées,

laissez-les égoutter et refroidir; alors placez-les
en élévation au milieu d'un plat, mettez à l'entour les morceaux émincis de viande, en y
ajoutant câpres, cornichons, etc. ; disposez-les
d'une manière gracieuse.

De tous les autres hors-d'œuvre.

Dans le nombre des différens apprêts de
truffes seules, vous trouverez la méthode de
faire cuire les truffes pour être employées dans
toutes espèces de hors-d'œuvre, hors les cas,
bien entendu, où ces hors-d'œuvre chauds ou
froids n'auront pas une classification spéciale
et particulière.

Au déjeuner surtout on ne doit point négliger les hors-d'œuvre à la truffe, qui sont des
mets agréables et délicieux.

V.

DU BOEUF.

Il est inutile, nous le pensons, d'expliquer
ici que la truffe communique son parfum avec
plus de fruit aux morceaux fins et supérieurs
qu'aux autres, qui s'en imprégnent avec moins

de facilité : on devra donc autant que possible n'immiscer la truffe qu'aux morceaux de choix.

Bouillis.

On ne peut faire cuire les truffes avec le bœuf bouilli. Lorsque le bœuf est cuit, vous le placez chaud sur le plat, et vous l'arrosez de quelques gouttes d'essence : ne mettez à son entour ni persil, ni cresson. Faites cuire au vin ou au court-bouillon de grosses truffes non épluchées, et mettez-les chaudes et égouttées à l'entour du bœuf sur le même plat. Servez en même temps bigarade ou citron.

On peut également faire accompagner le bœuf bouilli par les truffes en hors-d'œuvre, à l'huile, au vin, au court-bouillon, et toutes celles qui contiennent avec elles des choses âpres, sauce froide.

Il est essentiel de servir sur table en même temps un flacon d'essence de truffes, pour les personnes qui tiennent à avoir leur viande très-parfumée.

Rôtis.

Tous les morceaux du bœuf qu'on fait ordi-

nairement rôtir sont très-délicats. La truffe les
rend encore plus délicieux. Les principaux sont
le filet, le filet mignon, l'entre-côte, l'aloyau,
et les côtes couvertes, desquelles on fait le
rosbeef.

Au fur et à mesure que le jus de rôti tombe
dans la lèchefrite, vous le retirez, le mettez
dans une casserole et l'assaisonnez avec thym,
laurier, quatre épices, sel et poivre. Vous prendrez de belles truffes épluchées, que vous ferez
sauter dans ce jus un petit quart d'heure;
passez et dégraissez cette sauce, et maintenez-
y vos truffes très-chaudement. Lorsque votre
rôti est cuit, vous le piquez avec la lardoire
en plusieurs endroits et vous l'arrosez d'essence; placez-le sur le plat qui lui est destiné,
et versez-y et votre sauce et vos truffes, ou
bien vos truffes sans sauce, si vous voulez. Servez en même temps un jus de citron.

On peut aussi servir avec le rôti de bœuf
toutes les truffes en petites sauces relevées;
mais il faut avoir soin de toujours maintenir
les truffes entières.

Ragoûts.

On fait des ragoûts à volonté de presque toutes les pièces du bœuf : les truffes peuvent les accompagner tous, excepté ceux qui sont sujets à être réchauffés plusieurs fois.

Si le ragoût doit cuire long-temps, on n'y met les truffes que lorsqu'il n'a plus à rester au feu que le temps nécessaire à cuire les truffes, qui est une demi-heure ; vous devez toujours éplucher ces dernières et les laisser entières, parce que pour cela vous prendrez des moyennes ou des petites. Si le ragoût doit avoir des champignons, il ne faut les y faire entrer que cuits, et encore faut-il attendre que le ragoût et les truffes soient totalement hors du feu ; n'y mettez que peu d'ognons et autres eaux-goûts.

Les truffes demandent à être plus fortement relevées et épicées que le ragoût de bœuf. A cet effet avant de les y jeter, on peut les tremper en les piquant, dans la marinade, mais ne point les y laisser séjourner. Pour servir votre ragoût, qui doit toujours être très-chaud, vous ramassez au bord du plat les truffes pour le décorer.

Sautés.

Le titre seul indique que les viandes doivent cuire promptement et à grand feu : on doit donc apporter les plus grands soins à ce travail.

Epluchez de jolies petites truffes rondes, que vous partagez en deux morceaux. Si votre sauté n'a pas au moins un quart d'heure à cuire, vous passez vos truffes préalablement dans un peu de jus ou de glace de viande ; ensuite vous les mettez cuire avec votre mets, ce que vous ne ferez point, si votre sauté peut rester une demi-heure au feu, car vous y placez, dans ce cas, les truffes tout d'abord. Prenez garde que votre mets s'attache à la casserole, cela donne un mauvais goût aux truffes. Ménagez les assaisonnemens et faites peu de sauce.

Gratins.

Ce genre de cuisson, quoique simple, offre plus d'une difficulté à l'exécution : de même qu'aux sautés, et pour condition indispensable de bonté, il ne faut point que le mets s'attache au plat en cuisant.

Prenez des truffes épluchées, que vous coupez en quatre morceaux; faites-les sauter dans un peu de glace, et mettez-les dans vos gratins en même temps qu'eux sur le feu; assaisonnez convenablement avec poivre, sel et un peu d'aromates. Faites-les partir, tenez la sauce un peu longue, ne la faites pas réduire, et ne panez que lorsque votre mets est cuit. La chapelure ne doit pas atteindre les truffes.

Pour tous les gratins en général, il faut indispensablement que la truffe cuise avec eux: s'il arrivait que vous y missiez des champignons, vous savez déjà que ce n'est que lorsqu'ils sont cuits et votre mets hors du feu, que vous pouvez les y mettre.

Mélanges de légumes.

On ne peut mettre des truffes avec des mets de viande aux légumes; seulement et pour toute ressource vous pouvez employer l'essence pour les parfumer; vous ferez cuire les légumes, comme cela est indiqué à leur article; et pour les viandes, vous les arroserez d'essence en les servant : il faut qu'elles soient chaudes.

Nous ferons toutefois observer ici, que les mets de bœuf aux légumes sont peu recherchés, en ce qu'ils sont peu délicats.

Des abats ou issues.

Rognons, palais, cervelle, langue, grasdouble : ces mets aux truffes sont délicieux. Ils s'accommodent de bien des genres ; il est cependant des accommodemens consacrés à chacun, ce sont ceux qui sont le plus ordinairement suivis.

Ayez des petites truffes rondes épluchées, assaisonnez-les en les trempant dans la marinade. Si la cuisson des mets n'est pas faite à grand feu, placez-y vos truffes sur le feu en même temps qu'eux, parce que ces choses ne demandant pas à cuire long-temps, il n'est pas à craindre que les truffes cuisent trop ; mais si le feu doit être trop ardent pour votre genre de cuisson, vous ferez cuire vos truffes à part, et suivant la sauce de votre mets. Si cette sauce est au beurre, faites cuire les truffes au beurre ; si vous la tournez en sauce piquante, faites cuire les truffes au vin. Ensuite vous jetez les truffes,

sans sauce, dans les différens mets, avec lesquels vous leur laissez faire deux ou trois tours
sur le feu seulement.

Pour la sauce au beurre noir, vous mettez
cuire avec le beurre un sachet de truffes en
poudre, que vous ne retirez que lorsque votre
sauce est achevée; il en est de même du beurre
blanc ou roux. De cette manière vous les ren-
dez très-agréablement parfumées. On ne peut
mêler à ces sauces que des truffes cuites au
beurre.

Nous allons rapporter ici une excellente méthode de préparer le gras-double aux truffes.

Coupez les morceaux de gras-double de la
grandeur du tiers de la main à peu près; épluchez de petites truffes rondes que vous coupez
par le milieu, que vous assaisonnez et que vous
passez dans le beurre; prenez ensuite un plat
de terre, mettez-y le gras-double et les truffes
par couche, c'est-à-dire un lit de gras-double,
un lit de truffes, ainsi de suite; vous chapelez
le dessus du dernier lit de gras-double. Battez
dans un plat un peu d'huile et de bouillon,
poivre, sel et assaisonnement, joignez-y des
fines herbes hachées bien menues. Videz en-

suite cette sauce dans le plat, qu'il y en ait jusqu'au tiers, et mettez-le au four, ou au four de campagne; il cuit en peu de temps. Il doit être mangé très-chaud.

D'après les moyens que nous venons d'indiquer pour l'emploi des truffes avec le bœuf, on pourra les y appliquer à toutes les différentes préparations du bœuf, qui sont innombrables, et qui, la plupart du temps, sont autant d'innovations faites par le cuisinier.

VI.

DU VEAU.

Le veau est une viande fade et molle; elle se trouve agréablement relevée par l'inoculation des truffes qui la rend plus fine. Les accommodemens du veau sont très-diversifiés : tous peuvent recevoir des truffes; mais on se souviendra que cette viande demande à être fortement assaisonnée et aromatisée.

Bouillis.

On ne peut mettre des truffes avec le veau

bouilli ; les sauces vinaigrettes se parfument, comme cela est indiqué au chapitre respectif de ces substances ; on peut y ajouter quelque peu d'essence, et en répandre de même sur la viande chaude.

Rôtis.

On choisit ordinairement pour rôtir les plus délicats morceaux du veau. La majorité des gourmets s'accorde à désirer que le veau rôti soit constamment servi dans son jus, et cette disposition est précieuse par rapport aux truffes, qui se trouvent très-bien de cette combinaison.

Faites cuire dans le jus qui s'écoule du rôti, étant à la broche, des petites truffes épluchées, entières ; laissez-les-y mijoter un petit quart d'heure ; assaisonnez-les, et versez-les chaudes autour de votre rôti chaud ; au moment de servir vous l'arrosez de quelques gouttes d'essence. Vous pouvez également piquer de truffes l'intérieur du rôti de veau avant de le mettre cuire ; dans ce cas, faites revenir les truffes dont vous vous servirez dans un peu de beurre assaisonné.

Les côtelettes en papillotes, les côtelettes

grillées et autres menues pièces rôties, peuvent recevoir des truffes en farce et par accommodement ; mais il ne faut point piler ni hacher les truffes. Qu'elles soient épluchées, coupez - les ensuite en petits morceaux carrés, faites-les revenir dans du beurre, assaisonnez de poivre, sel et quatre épices, et placez-les ensuite dans une saucière accompagnant le rôti ; ou bien faites-les entrer sans sauce dans la composition des viandes que vous faites cuire sur le gril ou de toute autre manière.

On peut servir avec le veau rôti de grosses truffes non épluchées, que vous faites cuire au vin ou au court-bouillon, et que vous placez sans sauce et chaudes à son entour, indépendamment de tous les accessoires aux truffes, qui peuvent être servis en même temps, pourvu qu'ils soient d'une sauce âpre, chaude ou froide.

Ragoûts.

Avec le veau on fait d'excellens ragoûts de toutes sortes ; les truffes peuvent être mises avec tous. Elles y doivent constamment entrer épluchées et entières, seulement en ayant soin de réserver les grosses pour les grosses pièces, les petites pour les petites. Les ragoûts aux liaisons d'œufs vont surtout admirablement avec les truffes. Si les ragoûts doivent cuire long-temps, les truffes ne doivent y entrer que lorsqu'ils n'ont plus qu'une demi-heure à cuire. Dans les autres, les truffes doivent cuire en totalité avec eux, hors les cas contraires ; pour les assaisonner, trempez-les dans la marinade.

Les ragoûts de tête de veau sont des mets ordinairement très-fins, et demandent à l'exécution un soin particulier ; il en est de même de la rouelle : mets pour lesquels la truffe ne doit point être ménagée ; c'est presque une condition indispensable à remplir pour qu'ils puissent être servis sur une grande table.

Pour la rouelle de veau et tous les ragoûts, on doit s'abstenir, par rapport aux truffes, de les forcer en eaux-goûts, tels que ognons, ail, etc. Dès que l'assaisonnement est placé avec la viande et la cuisson de votre ragoût disposée, vous le faites partir sur le feu ; vous faites revenir à part les ingrédiens que vous voulez y mettre, les champignons et les truffes, ces derniers dans un peu de glace ou jus. Quand votre ragoût est

presque cuit, vous y mélangez en même temps
toutes ces choses, qui achèvent de cuire avec
le ragoût. Arrangez-vous de manière à ce qu'il
y ait peu de sauce. Servez chaud en parfumant
d'essence.

Sautés.

C'est peut-être l'accommodement le plus difficile pour l'introduction des truffes. Les sautés
de veau aux truffes sont, lorsqu'ils sont bien
travaillés, les principales succulences de la cuisine.

Épluchez une certaine quantité de petites
truffes rondes, assaisonnez et épicez-les convenablement ; tenez à votre sauté une sauce
allongée, placez-y vos truffes, faites partir à
grand feu ; vos truffes seront cuites en même
temps que les viandes : prenez garde qu'elles ne
s'attachent au fond de votre casserole ; placez
les champignons cuits, lorsque le mets est presque cuit ; faite réduire la sauce, parfumez-la
avec l'essence et servez très-chaud. Lorsque
l'assaisonnement est mis, prenez garde que les
truffes n'en reçoivent point, parce qu'elles les

conserveraient, et elles seraient alors trop assaisonnées. Il faut éviter également de se servir
de farine pour lier les sauces.

Gratins.

Épluchez de petites truffes rondes que vous
coupez en quatre morceaux seulement, et que
vous placez dans la marinade une ou deux minutes.

Faites partir sur le feu les mets disposés au
gratin, joignez-y tous les assaisonnemens.

Passez les truffes de suite dans un morceau
de beurre ou de bon jus, et mêlez-les à la cuisson de votre mets ; ayez l'attention que la sauce
tout d'abord soit un peu abondante, afin que
les truffes ne s'attachent point. Faites ensuite
réduire votre sauce, chapelez peu, et encore
que les truffes ne le soient pas ; mêlez-y alors
les champignons déjà un peu cuits.

Les gratins de veau sont très-recherchés ; il
faut en bien soigner la cuisson : toute la difficulté est de la faire arriver à point. En servant
chaudement, répandez sur votre mets quelques
gouttes d'essence.

Mélanges de légumes.

Il est plusieurs pièces du veau qui ont pour accommodement indispensable des légumes, tels que pour le fricandeau, par exemple, l'oseille, les épinards ; la daube, les carottes, ognons, pommes de terre, etc. Rappelez-vous qu'il est impossible d'immiscer les truffes entières à ce genre de préparation, et que vous avez pour y suppléer l'essence et la poudre de truffes.

Les côtelettes et autres viandes rôties ne doivent être mêlées aux légumes que cuites, et peu d'instans avant d'être servies.

Faites cuire d'assez grosses truffes épluchées, passez-les sur le feu dans de bons résidus de viande, bon gras et assaisonnement ; cela fait, laissez-les un peu refroidir après les avoir sorti de la sauce, ensuite coupez-les en carrés longs, avec lesquels vous piquerez les morceaux de rôti.

Puis faites faire un tour aux légumes dans la sauce des truffes, placez-les sur le plat ; mettez la viande au milieu, et répandez-y plusieurs gouttes d'essence. Servez chaud.

Les autres cas où les légumes entrent dans la composition du veau exigent que ces légumes soient revenus dans de l'eau avec un sachet d'essence de truffes ; telles sont les carottes, ognons, etc. ; ensuite vous les mettez achever de cuire avec le mets, que vous parfumez d'essence une fois cuit. Il est à remarquer que la viande aux légumes ne peut se manger froide.

Des mangers froids.

Les préparations du veau qui se mangent froides sont assez nombreuses ; les viandes piquées et la galantine en sont les principales. Les truffes doivent toujours être épluchées, assaisonnées et cuites avant d'entrer dans ces préparations.

Désossez les viandes qui doivent entrer dans la galantine, qu'on doit choisir parmi les plus délicates du veau. Désossez également quelques quartiers de volailles, et un peu de jambon. Ayez des bandes de lard fin.

Faites cuire dans de bons résidus de viande, du jus ou de la glace, de petites truffes épluchées ou assaisonnées avec poivre, sel, quatre

épices et aromates ; quelques tours de feu suffisent à cette cuissson.

Procédez maintenant :

Placez les truffes parmi vos viandes assaisonnées et sans sauce en même temps que les
bandes de lard. Les viandes doivent être mélangées entre elles, c'est-à-dire que sans les
hacher, vous mêlez ensemble celles du cochon,
de la volaille et celles du veau ; parfumez le tout
avec quelques gouttes d'essence. Réunissez ensuite les chairs et les truffes, en les serrant dans
un linge et en leur donnant une forme ronde et
allongée, et faites cuire votre galantine, comme
à l'ordinaire, dans du bon bouillon ou de bons
résidus de viande ; placez dans cette cuisson un
sachet de truffes en poudre.

Lorsque votre galantine est cuite, vous la retirez, la laissez refroidir, puis la placez sur son
plat. Il vous reste à finir la gelée qui doit la
décorer ; pour cela vous retirez le sachet de
truffes en poudre, vous passez la sauce à l'étamine, ensuite vous la parfumez avec l'essence
et la faites tourner en gelée. Vous pouvez placer avec cette gelée, autour de la galantine, de
grosses truffes non épluchées, que vous ferez
cuire au naturel.

De cette manière on n'aura pas à rencontrer l'inconvénient d'avoir des truffes sans goût et sans assaisonnement, comme elles le seraient, si elles n'étaient point cuites par avance. On peut ajouter, si l'on veut, des pistaches à la galantine aux truffes.

Des abats ou issues.

Tête, pieds, foie, cervelles, langue, riz, fraise, rognons, ces choses plus délicates que la viande elle-même demandent une préparation particulière ; les truffes sont surtout leur indispensable et délicieux accompagnement.

Pour les sauces à l'huile vous savez déjà comment on doit les faire : mêlez un peu d'essence de truffes avec un peu de la marinade, de l'huile, échalote, poivre, sel, etc. Découpez de petites truffes épluchées et cuites au vin dans cette sauce, que vous servez toute composée dans la saucière ; alors parfumez vos viandes chaudes avec quelques gouttes d'essence en les mettant sur leur plat, et entourez-les de grosses truffes cuites au vin sans être épluchées.

Il en est à peu près de même pour la cuisson

de ces objets qui se fait au beurre. Cependant
on ne doit pas perdre de vue qu'on emploie
alors de petites truffes entières épluchées, qu'on
fait sauter par avance dans du bon jus et qu'on
met ensuite cuire avec les viandes. Les truffes
ne veulent pas être trop salées ni aromatisées,
et la cuisson point trop ardente. Servez avec
cette préparation un jus de citron.

Le beurre noir se parfume avec les truffes en
poudre, que l'on met en sachet dans sa cuisson.

Les autres sauces doivent toujours recevoir
les truffes entières et cuire avec elles, excepté
les sauces au vin, pour lesquelles il faut aux
truffes par avance plusieurs tours de cuisson
dans du bon jus.

Le foie, le rognon qu'on pique ordinairement de lard fin peut être piqué de truffes :
on prendra pour cela de grosses truffes épluchées et court-bouillonnées, on les coupera en
morceaux carrés et longs. Si vous vous servez
de la broche, faites petit feu.

Les truffes doivent être pour ces choses peu
assaisonnées ; mais elles doivent avoir un peu
le goût d'aromates.

VII.

DU MOUTON.

La viande du mouton étant sèche, compacte et serrée, a plus de difficulté à s'imprégner du parfum des truffes que toute autre viande; on devra donc multiplier avec le mouton les doses de truffes.

On a remarqué que le mouton était plus délicat, plus fin, lorsque ses viandes étaient un peu faites; ce serait assez notre avis, avec d'autant plus de raison que cela contribue beaucoup à amortir sa fermeté.

La viande du mouton demande de nombreux assaisonnemens et aromates; elle demande à cuire lentement, circonstances qui s'accordent très-bien avec les truffes.

Bouillis.

Le mouton bouilli n'est pas très-recherché. Il est de fait que pour qu'il soit passable, il faut de la première espèce les viandes employées à ce genre de cuisson.

De même que pour le bœuf bouilli, vous arrosez votre mouton bouilli avec de l'essence en le servant très-chaud ; vous l'entourez de même sur son plat de grosses truffes cuites au vin ou au court-bouillon. Ces truffes doivent être salées et aromatisées plus qu'à l'ordinaire. On peut également faire accompagner le mouton bouilli par toutes truffes en sauces de hors-d'œuvre.

Rôtis.

Les morceaux du mouton qu'on met ordinairement rôtir sont les plus fins et les plus tendres. Si vous devez piquer d'ail ou ognon vos viandes, vous ne le ferez point, lorsque vous devrez y mettre des truffes.

Si vos morceaux de viande sont gros, piquez-les de truffes de la manière suivante : faites cuire dans du jus ou de la glace de viande pendant huit ou dix minutes seulement de petites truffes épluchées, retirez-les ensuite et laissez-les un peu refroidir. Enfoncez la lame d'un couteau dans de nombreux endroits de votre viande, fourrez une truffe dans chacune de ces fentes. Il faut qu'elles soient à deux pouces au moins dans l'intérieur de la viande ; en cet état faites partir le rôti à petit feu, et lorsqu'il est cuit, arrosez-le d'essence. Au moment de le servir, vous mettez autour de son plat de grosses truffes non épluchées cuites au court-bouillon. On peut encore faire sauter de petites truffes épluchées et assaisonnées dans du bon jus et les servir à part dans une saucière. Le rôti de mouton peut également être accompagné de grosses truffes cuites au naturel servies à part. Tout cela doit être très-chaud ; servez en même temps bigarades ou citron.

Les côtelettes et autres menues pièces rôties qui se font cuire sur le gril se parfument une fois cuites avec l'essence ; on peut les piquer de morceaux de truffes cuites, et faire accompagner ce rôti par de petites truffes bien assaisonnées et passées au beurre.

Ragoûts.

C'est avec le mouton que se fait la plus grande diversité de ragoûts. Pour les approprier aux hautes tables, ce genre d'apprêt demande un talent consommé, une main experte. Les truffes leur sont donc indispensables dans la haute cuisine; elles les rendent du reste d'un goût délicieux.

Les sortes de ragoûts dans lesquels entrent des assaisonnemens en assez grand nombre, tels que poivre, sel, ail, thym, laurier, etc., doivent recevoir les truffes non cuites, seulement épluchées; elles doivent cuire une demi-heure dans le ragoût. Ne perdez pas de vue que dans ce cas vous y placerez vos truffes une demi-heure seulement avant la fin de la cuisson.

Dans les autres ragoûts où il entre quantité d'ognons, les truffes doivent cuire à part; à cet effet prenez de petites truffes épluchées, passez-les dans du beurre ou jus, faites également blanchir vos ognons à part dans l'eau, où vous mettrez un sachet de truffes en poudre; réunissez ensuite le tout à votre ragoût, n'ayant plus qu'un quart d'heure à cuire. En servant ce mets, vous ramassez les truffes au bord du plat; il doit être très-chaud. Servez verjus, jus de citron ou bigarade.

Dans les hachis de mouton, mets assez succulent, qui peut aussi contenir des truffes, il est

à remarquer qu'il est besoin de pratiquer plusieurs dispositions particulières.

Les truffes ne peuvent point se hacher ; seu-
ement découpez-les en assez petits morceaux
dès que vous les aurez épluchées ; ensuite placez-les dans la marinade. Maintenant disposez
vos viandes : dès qu'elles sont hachées, salées
et aromatisées, vous retirez vos morceaux de
truffes de la marinade et vous les posez promptement dans le beurre ; versez sur les viandes
quelques gouttes d'essence, réunissez-y vos
morceaux de truffes sans sauce, et achevez
comme à l'ordinaire.

Les sauces de tous ces ragoûts en général
doivent être très-relevées.

Sautés.

Les sautés de mouton sont peu nombreux :
ils sont cependant très-délicats avec les truffes ;
il leur faut également de nombreux assaisonnemens. Tenez toujours la sauce abondante
tout d'abord ; faites partir votre sauté ; vous aurez dû par avance laver et éplucher vos truffes ;
coupez-les en morceaux de la grosseur d'un

dé ; trempez-les dans la marinade, passez-les
dans du jus une minute seulement; réunissez-les
ensuite à votre sauté, dont vous faites réduire
la sauce ; vous l'achevez ensuite, comme d'habitude, et servez chaud.

Gratins.

Ce genre de préparation demande un grand
tact à l'exécution, car la viande du mouton
étant de nature à s'attacher facilement sur le
feu, il faut prendre d'assez attentives précautions pour qu'elle ne brûle pas, ainsi que les
truffes. Ce genre de cuisson est on ne peut plus
délicat.

Il faut faire un peu plus de sauce qu'aux gratins ordinaires : vous salez, poivrez et disposez
vos viandes avec tout l'accompagnement que
vous devez y mettre, comme champignons, etc.
Lavez et épluchez de petites truffes, que vous
coupez en morceaux; trempez-les dans la marinade, et réunissez-les à votre gratin au même
instant que vous le placez sur le feu : cela doit
cuire en peu de temps. Finissez-le comme d'ha-
tude ; ensuite retirez-le du feu, maintenez-le

chaud, et servez avec accompagnement de verjus ou jus de citron.

Mélanges de légumes.

C'est peut-être la seule viande que les légumes affectionnent et avec lesquels elle se plaît
agréablement : aussi nous sommes-nous em-
pressés de rechercher les moyens d'inoculer la
truffe à cette préparation.

Si vos légumes ont à cuire à l'eau, vous mettez déjà dans cette cuisson un sachet de truffes
en poudre ; vous les retirez ensuite ; et après
les avoir disposés à entrer en cuisson avec les
viandes, vous les arrosez de quelques gouttes
d'essence. Passez à autre chose : faites revenir
vos viandes avec des truffes épluchées en même
temps, dans un peu de beurre assaisonné ; laissez un peu refroidir ; vous piquez alors ces
viandes avec ces truffes, ce qui vous sera facile,
si vous avez la précaution d'avoir des morceaux
épais de viande ; réunissez-les à vos légumes,
achevez vos préparations de telle manière que
cela vous conviendra. Tenez peu de sauce, et

servez chaud en ayant soin de répandre encore sur les légumes quelques larmes d'essence.

Si les légumes n'ont point à cuire dans de l'eau par avance, il faut toujours malgré cela les faire blanchir avant de les mêler avec les truffes et les viandes.

Des abats ou issues.

Il n'y a que la cervelle, les pieds et le rognon qui soient assez délicats pour avoir des truffes, qui en font leur succulence radicale.

On doit mettre avec les pieds, qui se font ordinairement cuire dans l'eau, un sachet de truffes en poudre, et l'y laisser aussi long-temps que doit durer la cuisson.

Cette même opération doit être faite pour la cervelle, qu'on met blanchir ou dégorger.

Le rognon n'a pas besoin d'une cuisson préparatoire.

Ensuite vous disposez ces mets à votre convenance, c'est-à-dire que vous leur donnez tel accommodement que bon vous semble.

Comme ces cuissons, quelles qu'elles soient, ne sont pas de longue durée, vous faites cuire vos truffes entièrement en elles : seulement après les avoir épluchées et coupées par petits morceaux carrés, vous les poserez deux minutes dans de bons résidus de viande ou jus. Elles demandent à être copieusement aromatisées et assaisonnées.

Il est important de vous convaincre que les sauces doivent toujours être faites, cuire et mijoter avec les mets eux-mêmes, fût-ce des sauces au blanc, ou à la poulette. Il ne les faut point épaisses, mais fines et légères. Servez toujours très-chaud ce genre de préparations en arrosant d'un peu d'essence.

VIII.

DE L'AGNEAU.

L'agneau étant d'une viande tendre et délicate, demande à avoir des apprêts et des assaisonnemens particuliers. Cependant tout ce que nous avons dit sur le veau, relativement aux truffes, peut lui être appliqué.

Les truffes doivent essentiellement cuire en entier avec cette viande : elles demandent à être assaisonnées modérément ainsi que les viandes.

Ayez l'attention que les sauces que vous emploierez ne soient point trop pâteuses. Faites tout d'abord revenir vos viandes dans un peu de jus ; retirez-les, et passez également dans cette même sauce de petites truffes rondes épluchées ; préparez ensuite la confection de vos mets de telle façon que vous le voudrez.

Pour les rôtis d'agneau, qui sont surtout recherchés, nous ferons remarquer que les truffes qui doivent les accompagner, doivent être moins salées et aromatisées que pour toute autre viande ; on fera bien dans ce cas de les tremper dans la marinade.

Vous aurez soin d'éloigner de la composition des mets de l'agneau ognons, ail et autres eaux-goûts.

IX.

DU COCHON.

Le cochon a une viande qui a besoin d'être mortifiée et aromatisée : toutes ses préparations en général reçoivent des truffes. Il n'est pas de viande qui leur convienne mieux que celle-ci. La viande du cochon ne se sert ordinairement

pas dans de hauts dîners ; mais la truffe, qui la
rend succulente étant servie avec elle, en fait
un mets de choix et de première distinction.

Bouillis.

De même que pour le bœuf, le cochon bouilli
chaud se parfume de quelques gouttes d'essence, et est accompagné par de grosses truffes
cuites au vin ou au court-bouillon, ainsi que
des truffes en hors-d'œuvre, à l'huile, etc. C'est
à foison que vous devez répandre vos aromates
et assaisonnemens ; car cette viande demande
à être fort relevée.

Dans l'eau de cuisson des viandes, vous joignez à vos aromates un fort sachet de truffes en
poudre, que vous laissez pendant toute la durée
de cette cuisson.

Rôtis.

Les morceaux du cochon qui se font rôtir
ne sont nullement travaillés et composés ; ils
sont dans leur état naturel. On en fait cepen-

dant d'excellens dérivés : ils demandent à être très-relevés.

Les truffes qui accompagnent le cochon rôti doivent être grosses et non épluchées : elles se servent autour du rôti chaud, après avoir été cuites au vin ou court-bouillonnées.

Vous pouvez piquer le rôti de cochon de truffes, et lorsqu'il est cuit, le parfumer avec l'essence. C'est alors, et un peu avant de le servir que vous mettez à son entour vos grosses truffes sans sauce et sans aucun accommoment.

Voici comment en Languedoc se font les rôtis de porc. Ce mets y est recherché.

On fait cuire à la broche la viande avec sauge, thym, laurier, etc.; pendant qu'elle cuit, on tourne une certaine quantité d'olives, on hache des morceaux de thon avec assaisonnement, on épluche et on coupe en petits morceaux de petites truffes. On fait sauter tout cela dans un peu de graisse et de bouillon; lorsque le rôti est cuit, on le place dans un plat avec cette composition. On lui fait prendre un bouillon sur le feu, et il se sert chaud avec verjus, bigarade ou jus de citron.

Ragoûts.

On fait avec le cochon d'assez nombreux ragoûts ; les truffes les rendent délicieux. La composition de ces ragoûts demandant de nombreux assaisonnemens et aromates, il n'est pas besoin ni de saler, ni d'aromatiser, ni de faire cuire les truffes par avance. Les truffes doivent toujours y entrer épluchées. Comme en général ces ragoûts ont besoin de cuire fort long-temps, on ne doit y placer les truffes qu'autant qu'ils n'auront plus qu'une demi-heure à rester au feu. Ces ragoûts, quoique peu distingués, peuvent, accompagnés de truffes, être servis dans de grands dîners.

Sautés et Gratins.

On choisit pour ce genre de préparations les morceaux les plus délicats et les plus fins du cochon, tels que le filet, le rognon, etc. Ce genre de cuisson se fait à grand feu ; ces viandes demandent de nombreux assaisonne-mens.

Epluchez de petites truffes, trempez-les

dans la marinade, et mettez-les en même temps que vos viandes sur le feu, tenez votre sauce un peu abondante, faites partir. Ces viandes doivent être bien cuites; n'ayez donc pas la crainte qu'elles cuisent trop, évitez seulement qu'elles s'attachent. Dès que votre mets est cuit, vous l'arrosez de quelques gouttes d'essence, et le garnissez avec câpres, cornichons, olives. Il ne faut pas qu'il y ait trop de sauce.

Sauces.

Les sauces qui accompagnent le cochon doivent avoir des combinaisons spéciales. Aucune ne peut-être légèrement assaisonnée. Ainsi ce ne sont que celles d'un goût piquant et rélevé que vous devez choisir.

Les viandes doivent en partie cuire avec ces sauces, et cette circonstance vous permet de faire cuire entièrement les truffes avec elles. Ainsi épluchez de petites truffes, trempez-les dans la marinade, et réunissez-les aux viandes déjà cuites, assaisonnées et aromatisées. On fait par ce moyen d'excellens mets; on prend pour cela les côtelettes de filet principalement.

Mélange de légumes.

C'est en quelque sorte le cochon bouilli qui est mis avec des légumes le plus ordinairement. Cette composition est la seule en effet qui donne quelques bons résultats.

Dans le bouillon qui a cuit la viande et dans lequel vous avez mis un sachet de truffes en poudre, vous faites cuire vos légumes; ce sont les choux qui sont préférablement pris pour cela. Immédiatement après leur cuisson vous les retirez, les égouttez du bouillon en les maintenant chauds, ainsi que les viandes. Vous faites cuire de grosses truffes non épluchées dans un bon court-bouillon avec de nombreux aromates. Faites chauffer, dans un plat qui aille sur le feu, le jus de résidus de viande; placez-y vos choux, dans lesquels vous mettez vos truffes, placez vos viandes au milieu, faites prendre à votre plat un bouillon en cet état, et servez chaud en parfumant d'essence.

Ce mets est délicieux; c'est peut-être le seul cas où il soit permis de réunir les truffes avec des légumes.

Les autres préparations du cochon aux lé-

gumes, telles que la daube, la chou-croûte, etc.,
se font cuire d'abord avec un sachet de truffes
en poudre et se parfument avec l'essence en
les servant.

Pieds truffés.

Vous faites cuire les pieds dans de l'eau en
y mettant un sachet de truffes en poudre.
Quand ils sont cuits, vous les désossez sans les
hacher et en ayant soin de leur conserver leurs
formes.

Epluchez des petites truffes, coupez-les en
petits morceaux carrés, faites-les sauter avec
sel, aromates et assaisonnemens dans un peu
de beurre.

Hachez des blancs de volaille, mie de pain,
assaisonnemens; vous en faites une farce, que
vous liez avec un peu d'œuf, et que vous
passez dans le beurre de vos truffes.

Placez ensuite cette farce en réunion de vos
truffes dans vos pieds à la place des os; parfumez avec quelques gouttes d'essence; enveloppez cette composition avec de la coëffe du
cochon, trempez-la dans du beurre, panez-la,
et faites cuire un petit quart d'heure sur le

gril ; servez chaud, accompagné d'un jus de citron. Ce mets se sert principalement au déjeuner : il est de premier choix et de première distinction ; son goût est des plus exquis.

Jambon truffé.

De même que pour toutes les compositions bouillies, on met dans l'eau de cuisson du jambon un sachet de truffes en poudre ; on le laisse cuire à moitié seulement, c'est-à-dire assez pour qu'il puisse facilement se désosser.

Epluchez de grosses truffes, passez-les dans du saindoux bien aromatisé, mélangez-les ensuite parmi les viandes du jambon désossé, et après les avoir égouttées de leur sauce ; vous réunissez vos viandes et vous achevez de faire cuire le jambon comme à l'ordinaire.

Galantine.

On appelle galantine, comme nous l'avons déjà dit, la réunion de plusieurs viandes désossées, mises bouillir et servies froides.

Quoique celle de cochon doive cuire fort long-temps, elle peut recevoir des truffes; il faut malgré cela qu'elles aient subi une cuisson préparatoire. La galantine se fait de même que celle de veau et de volaille; seulement elle doit être plus salée, épicée et aromatisée.

Faites cuire des truffes épluchées dans de la panne fondue avec assaisonnemens; laissez-les un quart d'heure au feu seulement, ensuite retirez-les, égouttez-les.

Vous devez avoir préparé toutes vos viandes par avance : vous mélangez vos truffes parmi ces viandes, que vous réunissez ensuite au moyen d'un linge, et que vous faites cuire dans un bouillon, où vous mettez un sachet de truffes en poudre.

De cette manière les truffes seront succulentes; elles resteront, malgré la longueur de la cuisson, moelleuses, tendres et d'un bon goût; ce qui ne serait pas, si l'on n'avait pas le soin de les faire cuire par avance. Ce mets se sert au déjeuner; il est très-délicat et de premier choix.

*Hure, boudins, andouilles, saucissons
et autres compositions truffées.*

Quoique ces compositions doivent cuire fort
long-temps, pour l'être à point et convenablement, les truffes qu'on y met ont besoin malgré cela de cuire un peu par avance dans du
saindoux, ou du bouillon bien nourri. Il les
faut assaisonnées et aromatisées convenablement. Epluchez-les, passez-les huit ou dix
minutes sur le feu ; laissez-les un peu refroidir.
Elles sont bonnes ensuite à entrer dans toutes
espèces de compositions.

Les truffes ne doivent point être hachées ni
coupées en trop petits morceaux : en retirant
les viandes du feu et étant chaudes, vous les
parfumez d'essence.

X.

DU SANGLIER.

On emploie les truffes avec le sanglier de
même que pour le cochon. Les préparations
du sanglier ne sont pas très-multipliées, et il
n'y a que quelques morceaux qui en sont recherchés, tels que la hure et le filet : cette

viande a besoin d'être faite et mortifiée avant d'être employée.

Comme elle demande encore plus d'aromates et d'assaisonnemens que celle du cochon, les truffes en ont peu besoin ; il sera suffisant de les tremper dans la marinade.

Les truffes communiquent à cette viande un parfum qui s'allie admirablement avec son goût de sauvage, et qui la rend délicate. On doit toujours autant que possible employer de grosses truffes, et ne point les éplucher.

Elles doivent, de même que pour le cochon, cuire avant d'être mises dans les préparations. Cette cuisson est d'environ un quart d'heure ; dans celles qui se mangent froides, comme la hure, on fait cuire les truffes au saindoux ou dans du bouillon ; pour celles qui se mangent chaudes, les truffes se font cuire au vin ou au court-bouillon.

Vous employez toujours les truffes en poudre dans la cuisson des viandes bouillies, et l'essence pour les parfumer cuites et chaudes.

XI.

DU CHEVREUIL.

Le chevreuil a une viande grossière ; toutes

les combinaisons culinaires n'ont pu parvenir à
en faire des mets passables et même ordinaires.
On ne peut faire usage de ses viandes qu'après
les avoir laissé mariner quelques jours, et
cette disposition vous annonce que les truffes
avec le chevreuil ont besoin d'une préparation
particulière. Le chevreuil doit être éloigné de
la table d'un gourmand.

Dans les substances qui composent la marinade de vos morceaux de chevreuil, vous
ajoutez un sachet de truffes en poudre ; si vos
viandes devaient y rester plusieurs jours, vous
renouvelleriez ce sachet chaque jour.

Les truffes que vous emploierez n'ont point
besoin de trop d'assaisonnemens, puisque les
viandes en seront suffisamment imprégnées et
qu'en cuisant elles les lui communiqueront ;
mais ayez le soin de toujours les conserver entières et non épluchées.

Les viandes ne demandent pas à trop cuire,
puisqu'elles se sont déjà amorties dans la marinade : ainsi vous pourrez sans crainte faire
cuire les truffes entièrement avec les mets.

Les ragoûts, sautés et gratins se font comme
à l'ordinaire ; les rôtis peuvent se piquer de

truffes ; mais il faut qu'ils soient épais : vous assaisonnez les truffes en les trempant dans la marinade.

XII.

DU LIÈVRE ET DU LAPIN.

Ces viandes s'accordent très-bien avec les truffes, et ces dernières les rendent d'un goût fin et excessivement délicat : les mets en sont très-recherchés, et ils sont dignes de paraître sur les meilleures tables ; mais ils demandent à être exécutés par des mains habiles.

Rôtis.

On choisit ordinairement pour cela les morceaux les plus gros et les plus en chair ; après les avoir piqués avec du lard fin, vous leur faites des fentes, en y introduisant la lame d'un couteau ; vous prenez aussitôt de petites truffes coupées en morceaux, que vous trempez dans la marinade et que vous enfoncez dans les trous faits par le couteau ; vous placez immédiatement votre rôti à la broche.

Lorsqu'il est cuit, vous l'arrosez chaud de

quelques gouttes d'essence, et le faites accompagner par bigarade ou citron. Ayez, si vous voulez, de grosses truffes non épluchées, cuites au vin ou au court-bouillon, et placez-les sur le plat autour de votre rôti ; vous pouvez également faire sauter de petites truffes dans le jus qu'il a rendu, et les servir dans une saucière.

Les truffes que vous employez ont besoin d'être un peu relevées ainsi que le rôti.

Civets et ragoûts.

Les civets ou ragoûts méritent d'être bien soignées, car ce sont des mets très-succulens : les truffes sont tout à la fois indispensables pour les finir dignement.

Faites partir sur le feu vos viandes composant le civet ou ragoût ; n'y mettez pas trop d'ognons, aïl et autres eaux-goûts ; si vous employez le sang, maniez-le avec un peu d'essence.

Epluchez de petites truffes, coupez-les en deux morceaux seulement, faites-les sauter avec assaisonnemens dans du bon jus ; lorsque votre ragoût n'aura plus qu'un petit quart d'heure à cuire, jetez-y vos truffes, champi-

gnons cuits, etc. ; mais ayez soin de bien faire
réduire la sauce, qui doit être courte au moment de servir.

Vous pouvez faire accompagner ces mets par
de grosses truffes cuites au naturel.

Sautés, farces et gratins.

Ces genres de préparations n'exigent pas une
longue cuisson : aussi contentez-vous d'éplucher seulement vos truffes et de les tremper
dans la marinade ; ensuite jetez-les immédiatement dans toutes ces compositions en même
temps que vous les mettez sur le feu ; prenez
garde seulement que le feu ne frappe trop vivement les truffes ; mais il est bien qu'elles cuisent avec votre mets : il ne leur faut qu'un
peu de sauce.

Pour les farces les truffes ne doivent point y
entrer hachées, mais seulement coupées en
morceaux. Après avoir fait cuire les truffes dans
du bon jus assaisonné, vous les mélangez à vos
farces préparées, que vous arrosez d'essence, et
auxquelles vous donnez ensuite telle destination qu'il vous plaira.

On choisit pour ces accomodemens les morceaux les plus délicats de ce gibier : aussi sont-ce des mets de première succulence.

XIII.

GIBIER VOLATILE.

On ne met des truffes qu'avec le plus fin gibier, tel que faisan, bécasse, pluvier, vanneau, sarcelle, perdreau.

Ces volatiles aux truffes sont les mets les plus élevés et les plus considérés dans la haute cuisine; bien travaillés, ils sont d'un goût, d'une succulence au-dessus de toute expression. Il est à remarquer que les truffes ne veulent pas avec elles des viandes trop faites; ainsi l'on aura soin de ne pas faire choix des volatiles atteints d'une trop grande maturité.

Les truffes demandent à être assaisonnées avec modération pour ces viandes; mais il leur faut d'assez nombreux aromates. En général la préparation de ce fin gibier demande les plus grands soins, un tact assuré, l'attention la mieux suivie.

Le principal soin qu'on doit avoir est celui

de diriger sainement les assaisonnemens et la cuisson des truffes avec ces viandes; c'est là toute la difficulté qu'il faut surmonter.

Rôti.

Pièces truffées.

Dès que les truffes sont lavées et égouttées, vos pièces vidées et flambées, vous vous mettez à éplucher les truffes; immédiatement après, vous préparez vos pièces, c'est-à-dire que, suivant votre volonté, vous coupez ou laissez les ailes et les pates; mais il faut indispensablement enlever le cou, dont on ne coupe que les os et les chairs, laissant la peau la plus grande possible, afin de pouvoir la rabattre et la fixer sur le dos de la bête.

Vous mettez vos truffes épluchées entières dans une casserole avec un bon morceau de beurre, poivre, sel, bouquet de thym, de persil, laurier, un clou de girofle pilé; faites sauter les truffes huit ou dix minutes en cet état; ayez une farce composée de hachis de volaille, de jambon, de mie de pain imbibée de bouillon et parfumée de quelques gouttes d'essence; vous mélangez cette farce avec vos truffes dans votre casserole, vous faites sauter le tout encore huit à dix minutes et vous le versez chaud dans votre pièce, dont vous fermez les ouvertures en cousant les peaux avec du fil. On met ensuite ces pièces immédiatement à la broche; si ces pièces ne sont pas très-grosses, on les enveloppe d'une bande de lard. Elles cuisent en peu de temps: pour les servir on leur fait prendre une belle couleur, et l'on sert pour accompagnement une bigarade ou une orange amère.

Remarquez qu'on ne doit mêler aucun des intestins de la bête avec la farce qui doit y entrer; de même qu'en la truffant on ne doit pas emplir avec force la poche du devant de truffes, qui pressées et ramassées en quantité dans cet endroit et tout-à-fait contre la peau, forceraient cette dernière en cuisant, au point de la faire crever. On n'aura pas même besoin de prendre la précaution d'entourer la pièce de papier huilé pour la mettre à la broche, si l'on a eu celle de ramasser les truffes dans l'intérieur.

Sautés et gratins.

Les sautés de gibier aux truffes sont les morceaux les plus délicats et les plus recherchés. Ce genre de mets cuit promptement, et cependant les truffes doivent en totalité cuire avec lui.

La sauce doit être fine et en petite quantité, les truffes doivent être épluchées, laissées entières et modérement assaisonnées; une fois la cuisson achevée, vous achevez de parfumer avec quelques gouttes d'essence, et vous y joignez les champignons cuits, si vous en avez.

Les sautés ne doivent jamais sentir le faisandé; il faut leur sauce piquante et très-relevée, On sert très-chaud, accompagné d'un jus de citron.

Ragoûts et salmis.

Laissez entièrement cuire les truffes en même temps que le mets; il les faut épluchées et maintenues entières, autant que possible; les truffes ne demandent pas à être assaisonnées à part; ainsi elles le seront assez par les assaisonnemens de vos ragoûts. Il faut la sauce de ces derniers un peu longue et épicée ; elle doit ser-servir à faire mijoter pendant assez long-temps sur le feu, et les truffes, et les morceaux de gibier : il ne faut point y mettre une grande quantité d'ognons ni autres ingrédiens d'une substance juteuse et d'odeur prononcée.

Pour les salmis, on ajoute quelques gouttes d'essence ; mais il ne faut pas piler les truffes. Faites-les cuire par avance dans de bon gras, si vous voulez tenir la sauce courte, et ne leur faites faire qu'un bouillon avec vos salmis.

Mélanges de légumes.

Nous n'avons jamais pu nous rendre raison, même par expérience, des qualités qu'on prétend trouver au gibier par le mélange de certains lgumes : nous le dirons sans crainte d'être démentis, nous ne lui en trouvons aucune, et nous pourrions démontrer qu'il n'en peut acquérir aucune ; au contraire, nous assurons que les légumes rendent le gibier très-grossier, très-ordinaire, d'un goût maussade et insignifiant.

En effet, on peut juger quelle succulence, quelle nourriture le gibier peut recevoir des légumes, quels qu'ils soient, mis en cuisson avec lui; ne seront-ce pas des goûts de terre, des goûts âpres de jus d'herbages, et le gibier n'en reste-t-il pas tout-à-fait imprégné une fois cuit?

Nous nous bornerons ici à défendre expressément de joindre à votre gibier aux légumes aucune truffe de telle cuisson que ce soit, épluchée ou non, à moins cependant que vous suiviez de point en point ce que nous allons vous prescrire.

Faites cuire vos légumes comme à l'ordinaire; dans l'eau de leur cuisson ajoutez quelques aromates et un paquet de truffes en poudre.

Faites cuire, dans une casserole que vous foncez de bandes de lard et dans la quelle vous mettez du bon jus, de la glace et résidus de viande, votre gibier entier, dont vous parfumez l'intérieur avec l'essence de truffes; lorsqu'il est cuit, vous prenez la sauce ou le jus pour y faire sauter vos légumes; vous arrosez de quelques gouttes d'essence. Quand ils sont bien parfumés, vous les dressez sur le plat, votre gibier par-dessus; piquez-le avec la lardoire de morceaux de truffes coupées en long.

Des mangers froids.

La galantine de gibier doit être faite avec attention : on peut indistinctement y mélanger toutes espèces de gibier volatile ; mais il est à remarquer que toutes les viandes doivent être d'une égale maturité ou d'une égale fraicheur, c'est-à-dire que les viandes faisandées ne peuvent être accompagnées de celles qui ne le sont pas.

On dispose les viandes comme pour la galantine ordinaire, c'est-à-dire qu'elles doivent être désossées ; on les aromatise et on les assaisonne, et on les laisse ainsi séjourner quelques heures dans un plat. Arrosez-les de quelques gouttes d'essence.

Lavez et épluchez les truffes, faites-les sauter dans du beurre aromatisé pendant dix minutes ; salez-les peu, retirez-les de leur sauce et placez-les parmi vos chairs de gibier ; réunissez les viandes et les truffes, comme on le fait ordinairement, et ajoutez dans la sauce qui doit

cuire la galantine un sachet de truffes en poudre ;
parfumez cette sauce avec un peu d'essence et
un jus de citron, et tournez-la en glace pour en
décorer la galantine.

Dans tous les autres mets qui doivent se manger froids, les truffes doivent de même être
toujours épluchées et être cuites dans une préparation grasse avant d'y entrer.

XIV.

DES PETITS OISEAUX.

*Caille, grive, mauviettes, ortolans, bec-figues,
et tous autres petits oiseaux.*

Ces petits oiseaux aux truffes sont des mets
somptueux : de telle manière qu'ils soient préparés avec les truffes, ils peuvent être servis
dans les plus grandes tables et faire partie des
plus grands dîners. L'ensemble de l'accomode-
ment de ces choses est ordinairement fort simple et la cuisson en doit être faite promptement.
Il est donc à craindre que les truffes ne se cal-
cinent ; mais en y mettant un peu de soin, cela
n'arrivera pas.

Rôtis.

On vide complétement les oiseaux qu'on veut
farcir; on laisse cou, tête, pates, etc.; de cette
manière ils n'ont qu'une seule ouverture au
cul. Vous parfumez leur intérieur avec quelques
gouttes d'essence. Prenez ensuite de petites truf-
bien rondes, que vous coupez en quatre. Vous
les assaisonnez légèrement en les trempant dans
la marinade ; vous les faites ensuite sauter dans
du beurre ou du bon jus de viande pendant
quelques minutes; vous y ajoutez une farce légère, composée de blancs de volaille cuite,
d'un peu de jambon haché, etc. Vous emplissez bien de truffes et de farce le corps de
vos petites bêtes ; vous fermez l'ouverture, en
cousant les peaux avec du fil; vous les bardez
et les mettez à la broche comme à l'ordinaire.
Servez chaud avec un jus de citron.

Toutes les truffes en sauce peuvent accompagner le gibier rôti, excepté celles à l'huile,
au court-bouillon et au vin.

Si l'on met griller dans la lèchefrite des tranches de pain, ce que l'on fait assez ordinairement, on arrosera ces tranches avec quelques

peu d'essence avant de placer dessus les petits oiseaux.

On peut servir les petits oiseaux rôtis entourés de truffes épluchées entières et cuites dans le jus tombé dans la lèchefrite.

Sautés et salmis.

Pour ce genre de préparation on prend les meilleurs morceaux des petits oiseaux une fois dépécés, et qu'ils soient désossés ou non, cela est indifférent ; il ne doit entrer aucune de leurs entrailles dans cette composition, de même on doit en éloigner leur carcasse.

Un quart d'heure au plus suffit pour cuire ces viandes ; c'est à peu près le temps de cuisson nécessaire aux truffes. Ainsi on a de petites truffes épluchées, qu'on trempe dans la marinade et que l'on fait sauter avec les viandes dans la même casserole, en y mettant un bon morceau de beurre ou du bon jus de volaille ; quand cela est cuit, on y ajoute des champignons cuits, si l'on en a. Il ne doit y avoir que peu de sauce ; elle doit être liée, un peu relevée : on doit éviter qu'elle ait une odeur

de gratin ; ce qui est facile : il suffit de ne pas
laisser attacher la sauce à la casserole. Vous finissez votre sauce à volonté, pourvu qu'elle
soit bien faite et bien finie. Servez chaud avec
jus de citron ou orange amère.

Gratins.

Les gratins ne sont autre chose que les viandes
cuites dans leur propre jus, aidé d'un peu de
sauce, qui doit être presque desséchée ou former presque croûte au moment de servir. Le
gibier se trouve succulent par ce genre d'accommodement et les truffes sont avec lui
d'une parfaite et merveilleuse alliance.

Prenez des truffes épluchées, coupez-les en
morceaux longs, mais épais. Placez-les avec vos
viandes sur le feu dans la même casserole, et
en même temps assaisonnez-les faiblement ;
elles le deviendront assez en cuisant avec la
sauce et les viandes, qui doivent être d'un goût
artistement relevé ; couvrez votre casserole en
ayant soin de tenir toujours les truffes au-dessus
des viandes. Un petit quart d'heure suffit pour

la cuisson de ce mets. Parfumez avec quelques gouttes d'essence et servez chaud.

Compotes.

Quelques cuisiniers célèbres ont trouvé qu'on pouvait avec succulence préparer les gibiers en les hachant. Quoiqu'en cela nous soyons d'une opinion qui est loin de rendre hommage à cette manière d'opérer, nous dirons que quand bien même nous voudrions y adhérer, les truffes ne nous permettraient pas de le faire , parce qu'en tout état de cause, elles ne doivent point être hachées. Leur alliance ne pourra donc avoir lieu qu'autant qu'on se contentera de les placer entières ou au moins coupées seulement en peu de morceaux.

Dans ce cas, vous les faites sauter dans de bons résidus de viande, vous les assaisonnez, les aromatisez , et au bout de dix minutes vous les retirez de cette sauce et les faites achever de cuire avec la compote.

Mélanges de légumes.

En général les gourmets sont peu amateurs

des choses fines mélangées avec les légumes. On a remarqué que de telle manière que le cuisinier s'y prenne pour les travailler, et quelque soit le talent qu'il possède, il ne peut empêcher que les légumes ne communiquent leur âcreté aux viandes mêlées avec eux. On doit donc éviter de mêler des légumes avec les petits oiseaux qui ont les chairs fines, succulentes et délicates, si l'on veut savourer le sublime goût que les truffes leur, communiquent avec tant de véhémence et d'éclat.

XV.

DE LA VOLAILLE.

Dinde, chapon, poularde, poulet, pigeon, oie et canard.

Bouilli.

Le chapon au gros sel, qu'on sert chaud sortant de la marmite et du bouillon, se parfume en jetant dessus quelques gouttes d'essence. On peut servir à son entour de grosses truffes sans être épluchées, très-chaudes, ayant cuit au vin ou au court-bouillon. On peut également le faire accompagner par les truffes à l'huile et toutes les truffes en sauce de hors-d'œuvre.

Rôti.

Par un temps ordinaire trois ou quatre jours, si on le peut, avant celui où votre pièce doit être mangée, on se met à la truffer. Si c'est une dinde, évitez de l'avoir d'une extrême grosseur ; les grosses ont ordinairement moins de finesse. Il faut ces volatiles d'une extrême fraîcheur ; mais il ne faut y placer les truffes qu'une demi-journée au moins après leur tuerie.

Plumez entièrement votre pièce, enlevez-lui le cou sans en ôter la peau, n'ôtez ni les pates ni les ailes et videz-la proprement par derrière. Cela fait, vous abattez l'éminence en pointe du ventre, de manière à ce que vous puissiez pénétrer d'un bout à l'autre de l'intérieur de la pièce ; parfumez-la de quelques gouttes d'essence.

Il est suffisant de prendre pour une dinde ordinaire quatre livres de truffes terrées, pour une poularde ou chapon trois livres, un beau poulet deux livres. N'ayez pas de très-grosses truffes; lavez-les et épluchez-les par la manière ordinaire.

Mettez dans une casserole vos truffes épluchées, une bonne quantité de beurre fin, poivre, sel, quatre épices, peu de thym et laurier, persil, ciboule et peu d'ail; hachez très-menu un morceau de jambon avec le foie seulement de votre pièce et quelques petits filets de gibier. Tout cela doit être convenablement assaisonné. Faites sauter sur le feu pendant un petit quart d'heure en remuant constamment, afin que les truffes ne grillent pas; ajoutez-y un peu de mie de pain imbibée de bouillon, ensuite retirez vos truffes et votre farce du feu. Si vous devez farcir une pièce qui doit attendre quelques jours, laissez refroidir; si au contraire elle doit être à la broche le même jour, la farce et les truffes peuvent y entrer étant chaudes, et cela n'en vaut que mieux.

Mélangez bien les truffes avec la farce, en y répandant quelques gouttes d'essence, et videz le tout dans votre pièce; intercalez-le dans tout l'intérieur de la pièce sans ramasser les truffes soit devant, soit derrière; vous rabattez la peau du cou sur le dos pour fermer cette ouverture ; vous cousez cette peau très-proprement avec du fil, de même que celle de l'ouverture du derrière ; vous fixez ensuite avec de la ficelle et les pattes et les ailes : dès lors elle est prête à marcher à la broche.

Vous pouvez envelopper votre pièce, ainsi truffée, d'une bande de lard ; mais il est plus convenable de ne pas le faire, si vous avez une bête fine et grasse.

En procédant comme nous venons de l'indiquer, vous pouvez vous dispenser d'entourer les pièces, pour les mettre à la broche, d'une feuille de papier huilé ; outre que cela communique en cuisant un mauvais goût à la peau si délicate de la viande, cette disposition devient tout-à-fait inutile, car on n'a plus à craindre que les pièces crèvent et que les truffes tombent.

On arrose de quelques gouttes d'essence la pièce sortant de la broche, et prête à être servie ; vous la mettez sur un plat, entourée du jus tombé dans la lèchefrite ; vous pouvez même, si vous avez un grand nombre de convives, faire sauter des truffes dans ce jus, et les servir à l'entour de la pièce.

Oie et canard truffés.

Les truffes qui doivent entrer dans l'oie et le canard doivent être spécialement assaisonnées; on ne doit pas ménager poivre, quatre épices et aromates, parce que ces deux sortes de viandes sont fades et demandent à être relevées; une circonstance remarquable, c'est qu'on ne doit pas truffer ces pièces à l'avance comme les autres volatiles, mais seulement au moment même de les mettre à la broche.

Quoique l'oie et le canard passent assez de temps à la broche pour leur cuisson, les truffes doivent être mises à leur intérieur, presque tout-à-fait cuites; les chairs qui doivent composer la farce sont principalement celles du cochon, jambon, chairs à saucisses, etc., mais point de lard; elles doivent être exagérément épicées et tout-à-fait cuites.

On parfume l'intérieur avec l'essence, de même que l'extérieur, quand on sort la pièce de la broche; elle peut être entourée sur son plat de grosses truffes cuites au vin et arrosée de jus de citron ou d'orange amère.

Sautés et gratins.

Cette préparation délicate ne se compose ordinairement qu'avec des viandes déjà un peu cuites : c'est une faute grossière de laquelle on doit avec précaution se relever.

Il est essentiellement obligatoire de faire cuire ces viandes en les prenant crues; c'est la vivacité de la cuisson que l'on emploie qui leur fait exprimer leur suc dans lequel elles cuisent et qui les rend on ne peut plus succulentes.

Les truffes que vous devez employer à ce genre d'accommodement doivent être petites; coupez-les en deux ou trois morceaux longs, et passez-les avec vos viandes dans la marinade : vous faites cuire le tout ensemble dans votre sauté; il doit être peu salé et aromatisé; ce n'est que lorsqu'il est cuit que vous le parfumez avec l'essence et que vous y joignez croûtons et champignons.

Ragoûts, blanquettes, fricassées.

Quoique les principales compositions de ragoût soient pour la plupart fort délicates, on ne doit point hésiter à assaisonner d'une manière assez marquante et les truffes et les viandes ; les truffes se prennent petites : vous les épluchez et les mettez avec les mets en même temps sur le feu. Il est préférable d'employer du jus de volaille pour la cuisson de ce mets plutôt que du saindoux ou du beurre : la sauce ne doit pas être trop grasse, et être bien liée étant finie ; c'est surtout avec la viande de volaille qu'il ne faut mettre que peu d'ognons et autres eaux-goûts ; aucun aromate ne doit y dominer : on parfume le mets, en le servant, avec un peu d'essence.

Viandes pilées et hachées.

Nous en sommes bien fâchés pour messieurs les enthousiastes praticiens de ce genre d'accommodement ; mais nous devons à la vérité de leur apprendre qu'il leur sera de toute impossibilité de piler les truffes pour les employer dans leurs viandes pilées : non seulement les

truffes et les viandes acquerront un mauvais
goût ; mais encore celui qui restera, quand
bien même il ne serait pas désagréable, sera de-
venu indéfinissable par la lutte qu'il aura eu à
subir avec ceux des aromates. Les truffes
doivent se couper en plus petits morceaux
carrés et pas autrement ; elles doivent être
épluchées et cuire préalablement dans du
bon jus, pour être mêlées au hachis, qu'on
peut parfumer avec l'essence une fois achevé
et cuit.

Sauces.

Toutes les sauces qui accompagnent la volaille cuite peuvent avoir des truffes ; le moyen
de les y introduire est tout-à-fait simple :
prenez de petites truffes rondes, que vous
épluchez et que vous trempez dans la marinade ; vous les passez pendant un petit quart
d'heure sur le feu dans de bons gras, de bons
résidus de viande ou de bon jus ; salez, poivrez
et aromatisez-les ; ainsi prêtes et cuites, vous les
placez dans toutes espèces de sauces faites pour

accompagner la volaille : la chair des truffes
est de cette manière succulente et moelleuse ;
vous les faites mijoter quelque temps dans votre
sauce principale, et vous les servez le plus
chaudement possible.

Mélanges de légumes.

Il est des accommodemens pour la volaille
dans lesquels entrent des légumes, qui en font
leur qualité essentielle, comme la daube, par
exemple. C'est presque le seul cas où les truffes
peuvent être mises en contact des légumes et de
la viande.

Faites jeter un bouillon à vos légumes dans
de l'eau où vous mettez une pincée de truffes
en poudre : cela fait, vous en retirez l'eau et
les faites égoutter.

Ayez de grosses truffes épluchées, trempez-
les dans la marinade, et faites-les cuire avec
le ragoût. Lorsqu'il est en état de recevoir
les légumes, vous ôtez les truffes des mets pour
y mettre vos légumes ; lorsqu'ils sont cuits,
vous remettez les truffes dans la casserole avec
votre ragoût ; vous faites mijoter le tout en-

semble pendant un petit quart d'heure, après
quoi vous retirez votre mets et le servez chaud
en l'arrosant de quelques gouttes d'essence.

Des crêtes et rognons.

La délicatesse de ces choses comporte, comme
qualité indispensable, la nécessité d'avoir des
truffes avec elles.

Ayez de petites truffes que vous épluchez;
vous les coupez en morceaux et les assaisonnez
en les trempant dans la marinade; vous les
faites sauter dans une petite quantité de glace
de volaille; jetez-y ensuite vos crêtes et rognons,
et achevez de compléter votre sauce; vous
pouvez la tourner de telle manière que cela
vous conviendra. Avant de servir votre mets,
vous l'arrosez de quelques gouttes d'essence.
La sauce ne doit pas être très-liée : comme
qu'elle soit, on doit toujours la tenir un peu
relevée.

Galantine.

La galantine de volaille est le mélange des

chairs de plusieurs volatiles différens , auquel
on joint un peu de celle du cochon. Ce mélange ne se hache point ; les viandes se réunis-
sent au moyen d'un linge dans lequel on les
serre en leur donnant une forme allongée ; on
la fait cuire ordinairement dans une assez
grande quantité de bouillon de viande très-
nourri. Les truffes rendent la galantine délicieuse.

Dès que la volaille est désossée , vous éta-
lez les chairs sur une table , et là vous les sau-
poudrez raisonnablement de poivre , sel , quatre
épices et autres aromates pilés ; versez-y quelques gouttes d'essence.

Vous lavez et épluchez des truffes petites et
rondes ; vous les faites sauter pendant un petit
quart d'heure dans du bon jus , de la glace de
volaille ou du beurre ; vous les assaisonnez et
épicez ; vous les retirez ensuite de leur sauce ,
et les laissez égoutter et refroidir.

Alors mêlez ces truffes parmi les chairs
qui sont sur la table , réunissez le tout ensemble et faites cuire la galantine comme à
l'ordinaire ; ajoutez au liquide de la cuisson
un sachet de truffes en poudre , et parfumez

avec l'essence le jus qui doit faire glace ou gelée.

De cette manière les truffes ayant été bien nourries, se conserveront moelleuses dans la galantine, et n'auront pas l'inconvénient de se trouver, point assez assaisonnées, ni point assez cuites.

XVI.

DU POISSON DE MER.

Les truffes ne doivent être mises qu'avec les plus délicats, tels que thon, saumon, turbot, raie, sole, éperlan, maquereau, hareng, merlan, anchois, alose et quelques parties de la morue. Les poissons d'un goût grossier, tels que carrelet, limande, esturgeon, ne doivent point recevoir des truffes.

Les truffes donnent au poisson de mer un goût des plus gracieux, des plus fins et des mieux sentis; elles lui ôtent totalement cette odeur de mer, de marée, qu'on y rencontre le plus souvent, même aux plus frais et quoiqu'ils soient cuits.

A l'eau.

Au lieu de laisser dégorger le poisson dans de l'eau pure, comme on a la coutume de le faire, il faut selon nous ajouter à cette eau quantité d'aromates, quelque peu de vin ou vinaigre, et un paquet de poudres de truffes. On évitera par ce moyen que le poisson se delave tout-à-fait et perde son goût. C'est également ce qu'on doit faire pour les poissons qui se font cuire seulement dans de l'eau, comme la morue, la raie, le turbot, etc.

Friture.

Les meilleures fritures se font à l'huile ; le poisson est bien meilleur, lorsqu'il n'est pas trempé dans la pâte, mais roulé seulement dans de la farine.

Vous placez dans l'huile un paquet de truffes en poudre, que vous laissez pendant tout le temps de la cuisson du poisson ; lorsque votre poisson est frit, vous le retirez, le laissez égoutter et le mettez sur son plat en l'arrosant de quelques gouttes d'essence. On peut mettre à son entour des truffes chaudes, sans sauce, cuites au vin.

Court-bouillon.

Les poissons qui se font cuire au court-bouillon sont ceux qui se servent sur un plat garni d'une serviette et qu'accompagne une sauce servie à part : cette manière de préparer le poisson lui est fort préjudiciable, parce qu'elle ne peut que lui donner un goût fade et insignifiant.

Composez un bon court-bouillon, dans lequel vous ne mettez aucun gras ; faites-y cuire de grosses truffes non épluchées : quand elles sont cuites, retirez-les et faites-les égoutter. Mettez cuire dans ce court-bouillon votre poisson en y ajoutant un paquet de truffes en poudre. Lorsqu'il est cuit, vous le retirez et le faites de même égoutter. Mettez alors votre poisson sur un plat, arrosez-le de quelques gouttes d'essence, et placez à son entour les truffes que vous avez fait cuire dans le court-bouillon.

Faites votre sauce de telle façon que vous voudrez, découpez-y quelques petites truffes cuites au beurre ; qu'elle soit abondante et d'un goût un peu relevé ; vous la verserez ensuite bouillante sur votre poisson, que vous aurez dû maintenir chaud.

Sautés et gratins.

Le poisson qu'on accomode ainsi est particulièrement celui-ci : thon frais, sole, saumon, merlan et éperlan. Pour les sautés on ne se sert que des filets de ces poissons, c'est-à-dire qu'on en ôte toutes les parties osseuses : pour les gratins on se contente d'enlever seulement la tête.

Ces sautés et gratins sont absolument les mêmes que ceux de volaille ; seulement ce poisson doit être aromatisé et un peu assaisonné : il doit cuire moins long-temps que la viande ; pour qu'il ne puisse pas donner de mauvais goût aux truffes, il le faut bien cuit. Le poisson a besoin que les truffes cuisent en même temps, avec et autant que lui : ainsi vous prenez des truffes petites épluchées, vous les coupez en morceaux longs, vous les trempez ensuite dans la marinade et les mettez dans le plat du poisson, sur le feu; il faut prendre garde que les truffes ne brûlent. Lorsque le poisson est cuit, les truffes le sont assez; retirez-les et servez chaud en arrosant de quelques gouttes d'essence.

Sauces.

Les principales sont celles qui se font à part de la cuisson du poisson, pour accompagner ceux qu'on ne peut faire cuire dans leur sauce.

On en peut faire de toutes sortes, suivant l'espèce du poisson; cependant il y en a de plus habituellement consacrées à l'usage de chacun. Comme, par exemple, la sauce moutarde pour le hareng, aux câpres pour le turbot, le beurre-blanc ou la poulette pour la morue, le beurre noir pour la raie, etc. Mais il est à remarquer que pour les poissons d'un goût fin, tel que sont le thon, le saumon, l'éperlan, la sole, il faut des sauces de première finesse et des plus artistement travaillées, lorsqu'on accomode ainsi ces poissons.

Pour les sauces qui cuisent long-temps, on

fait cuire les truffes par avance dans du bon jus de viande, ou on ne les fait cuire avec les sauces que lorsque ces dernières sont presque sur le point d'être achevées; toutes les sauces doivent être très-liées et un peu relevées. Les truffes doivent toujours être épluchées; on les laisse entières, si c'est possible. Les sauces à la crême ne peuvent avoir ni les truffes entières ni le parfum des truffes.

Lorsque le poisson ne cuit pas dans la sauce, il faut toujours l'arroser de quelques gouttes d'essence, de même qu'on doit le faire pour les sauces, quand bien même elles contiendraient des truffes.

La sauce moutarde se fait avec la moutarde aux truffes, et quelques petites truffes coupées en morceaux et passées dans le beurre.

La sauce au beurre blanc reçoit les truffes déjà cuites au court bouillon ou au vin; on l'arrose d'essence, et on peut y délayer une pincée de truffes en poudre.

La sauce au beurre noir se fait comme à l'ordinaire: on met un paquet de truffes en poudre dans le beurre, en même temps qu'on le met sur le feu; lorsque le beurre commence à noircir, vous en retirez la poudre et vous y jettez le persil. Votre sauce étant hors du feu , vous la parfumez avec l'essence; on peut y mêler quelques truffes court-bouillonnées.

Du gril.

On fait ordinairement des fentes à la peau du poisson qu'on met cuire sur le gril; elles se font régulièrement de chaque côté de son corps. Ces fentes s'écartent, quand le poisson est sur le feu : alors vous y introduisez quelques gouttes d'essence; vous le retournez de temps en temps; vous y versez de nouveau quelque peu d'essence.

Vous pouvez servir autour du plat sur lequel vous mettez votre poisson, des truffes à l'huile et des truffes au vin.

Vous pouvez également faire un hachis ou farce de morceaux de thon ou saumon mariné, anchois, ail, poivre, sel et aromates; on met cette farce à l'entour du poisson et on l'arrose de bonne huile.

Cuit au four.

Quelques personnes emploient ce genre de cuisson pour les grosses pièces, en plaçant le poisson avec une sauce dans un grand plat, avec de la chapelure dessus, et en se servant d'un four modérément échauffé.

Vous passerez au beurre des truffes épluchées, vous les mettrez avec leur sauce et assaisonnement au fond du plat sous votre poisson ou dans son intérieur, s'il est de nature à les contenir, et vous arrosez le poisson de quelques gouttes d'essence, opération que vous renouvelez, lorsqu'il est cuit, sortant du four.

Vinaigrette.

Elle se compose d'huile, d'un peu de la marinade et de quelques gouttes d'essence ; on y ajoute poivre, sel, si par la marinade elle n'est pas assez assaisonnée.

C'est ainsi qu'on mange le poisson court-bouillonné cuit à l'eau ou au vin ; on peut mêler dans cette sauce des truffes cuites au vin, coupées par petits morceaux.

Mélanges de légumes.

Nous n'aurons pas beaucoup de peine à per-
suader au lecteur que les légumes avec le poisson composent un mets des plus détestables ;
nous aurons en cela l'opinion de tous les gourmets en général et de toutes les personnes qui
ont un palais et un goût.

Dans les premiers temps où l'anglomanie
était à l'ordre du jour, on nous importa d'Angleterre, un beau matin, ce singulier mélange,
qui avait été inventé par les Anglais et dont nos
jeunes gentlemen français s'enthousiasmèrent
ardemment et d'une manière aveugle, sans rechercher ni apprécier la valeur ni la succulence
du mets. Ils répandirent et accréditèrent, malheureusement avec trop d'exagération, l'emploi de cette sorte de mets, dont le vrai
gourmand fait justice et qui n'est plus goûté
aujourd'hui que par la suffisance et l'originalité.

Il nous paraît donc maintenant superflu
d'ajouter que nous n'avons pas recherché
quelle pouvait être la méthode d'employer
les truffes avec ces mets, que notre cœur

réprouve et que la bonne et sage cuisine réprouve aussi.

Poissons farcis.

Les seules espèces qu'on puisse employer pour
cela sont : le saumon, le maquereau, le merlan, le hareng.

On fait une farce composée de jambon, un
peu de volaille et gibier, thon mariné, anchois,
persil, ciboule hachés ; poivre, sel et assaisonnement, un peu de truffes en poudre,
passées dans du beurre ; tout cela se mélange
bien ensemble, se passe dans un peu de beurre
pendant un quart d'heure sur le feu ; on y
joint ensuite des truffes épluchées, coupées par
morceaux. On fait sauter le tout encore quelques minutes.

Vous ouvrez votre poisson sous le ventre,
vous le videz totalement, n'y laissez rien du
tout ; lorsqu'il est bien propre et bien essuyé,
parfumez l'intérieur avec quelques gouttes d'essence.

Emplissez l'intérieur du poisson avec la farce
et les truffes ; cousez ensuite les peaux pour fer-

mer l'ouverture, et arrosez votre poisson avec un jus de citron.

Si le poisson est gros et gras, on peut le piquer avec du lard fin, en disposant les piqûres avec grâce.

Ce poisson ainsi farci se fait cuire au four, au gratin ; il se fait frire, ou se met sur le gril.

On l'enveloppe de papier huilé en le ficelant, s'il cuit différemment qu'au gratin ; lorsqu'il est cuit, on le sert en l'arrosant de quelque gouttes d'essence et on y verse une assez bonne quantité de petites truffes cuites au beurre avec leur sauce.

Du poisson froid.

Il n'est aucun cas où le poisson aux truffes doive se manger froid ; celui où il se mange à la vinaigrette n'en est pas excepté, car le poisson pour cela doit de même être servi très-chaud.

XVII.

DU POISSON D'EAU DOUCE.

Le poisson d'eau douce est généralement

d'une qualité à peu près semblable dans toutes les espèces : aussi peuvent-ils tous recevoir des truffes. Les principaux sont cependant : brochet, carpe, anguille, barbillon, tanche, perche, truite et goujon.

Le poisson d'eau douce aux truffes est un mets de premier ordre : il peut être servi sur les plus grandes tables, et s'il est bien travaillé, sa succulence est parfaite.

Fritures.

Elles doivent se faire à l'huile autant que possible : c'est du reste plus économique d'employer l'huile que la graisse ; le feu la consomme bien moins vite. De même que pour le poisson de mer, vous employez, dans cette friture, les truffes en poudre, pour la parfumer ; vous arrosez également, avec de l'essence, votre poisson sortant du feu, et vous servez avec lui les truffes à l'huile, au vin ou au court-bouillon.

Le poisson d'eau douce demande à être davantage assaisonné que le poisson de mer : à cet effet, pour celui qui doit être frit, vous le videz entièrement et vous versez dans son intérieur

un peu de jus de citron. Votre poisson cuit doit
être très-ferme; pour que cela soit, il faut employer une pâte très-légère. Vous mettez des
truffes au naturel sur le même plat que le
poisson et les servez le plus chaud possible avec
un jus de citron.

Matelotes.

En général elles contiennent ognons, ail et
autres ingrédiens peu convenables à la cuisson
des truffes. Si l'on tient à conserver ces ingrédiens pour la cuisson du poisson, on devra faire
subir aux truffes un bouillon à part dans du
bon jus. Lorsqu'on y joint ces ingrédiens aux
trois quarts cuits, alors on peut faire cuire les
truffes avec le poisson.

En mettant le poisson sur le feu avec vin,
assaisonnemens, etc., vous y joignez un sachet
de truffes en poudre; le poisson à moitié
cuit, vous retirez ce sachet et vous y placez alors
les truffes, que vous venez de passer au beurre
ou au jus; elles doivent être petites, entières et
épluchées. C'est à ce moment que vous mettez
les champignons déjà un peu cuits.

Lorsque le poisson est cuit, la sauce finie et bien réduite, vous versez la matelote sur le plat où elle doit être servie; vous la décorez en mettant autour du plat de grosses truffes sans être épluchées, cuites au vin, servies très-chaudes, et vous arrosez la matelote de quelque peu d'essence.

Les gourmets préfèrent la matelote composée de poissons à écailles, et évitent d'y mêler les limonneux à peau.

Court-bouillon.

Le court-bouillon une fois composé, mais sans qu'il y ait de gras, vous le placez sur le feu; quand il a jeté deux ou trois bouillons, vous y mettez de grosses truffes non épluchées, que vous laissez cuire plus d'un quart d'heure; retirez-les ensuite du court-bouillon, faites-les égoutter, mais tenez-les chaudes.

Mettez dans le court-bouillon votre poisson et un sachet de truffes en poudre; ajoutez-y oignons, etc. Lorsque le poisson est cuit, vous le retirez, l'égouttez bien et le placez sur son plat; vous l'arrosez de quelques gouttes d'essence et placez à l'entour les grosses truffes.

En cet état, le poisson peut recevoir toutes espèces de sauces; il peut se contenter d'être arrosé d'huile seulement.

Il faut en tout état de cause que la sauce enveloppe le poisson et soit servie avec lui sur son plat.

Toutes ces sauces peuvent également avoir des truffes coupées en morceaux et un assaisonnement un peu relevé.

Des ragoûts.

Tous les ragoûts de poisson d'eau douce ne se servent point dans un dîner marquant. La haute cuisine n'emploie point ce genre de préparation : on en fait pourtant de très-bons mets.

Les bases de ces accommodemens sont l'ognon et l'ail; on y met également un peu de vin, sel, poivre, et les principales sauces sont les rousses et la sauce piquante. Il est à remarquer que le poisson doit cuire et mijoter dans la sauce dans laquelle il doit être mangé.

Trempez les truffes dans la marinade et faites-les cuire en entier avec le poisson; elles

doivent être épluchées et entières. En servant
votre ragoût, parfumez avec quelques gouttes
d'essence.

Pour les ragoûts le poisson se coupe par tron-
çons ; mais ses espèces ne doivent pas être mélangées ; on ne peut y mettre qu'une seule sorte
de poisson.

Sauces.

Les sauces blanches, à la poulette, la sauce
piquante, aux anchois, à la vinaigrette, au
bleu, sont les principales de celles qu'on emploie pour le poisson d'eau douce.

Toutes ces sauces doivent être excessivement
relevées. On doit toujours faire cuire la sauce
avec les truffes et la parfumer de quelques
gouttes d'essence. Les truffes doivent être épluchées et conservées entières autant que possible, si l'on a de grosses pièces. Beaucoup de
gourmets cuisiniers laissent constamment mijoter la sauce avec le poisson ; nous sommes
parfaitement de leur opinion à cet égard, le
poisson s'en trouvant très-bien.

Sautés et gratins.

On accommode ainsi les morceaux les plus délicats du poisson, c'est-à-dire qu'on dégage les filets des arêtes principales et qu'on supprime les morceaux qui tiennent à la tête, aux ouïes, aux nageoires, à la queue, ainsi qu'aux entrailles.

La préparation en est fort simple : ce qui ne l'empêche pas d'être un mets fort bon, fort délicat et bien recherché.

Faites sauter dans du bon jus de viande ou du beurre de petites truffes épluchées et coupées en carrés; ajoutez-y des champignons un peu cuits, poivre, sel, quatre épices, etc.; mêlez-y des blancs de volaille ou gibier hachés avec anchois et thon. Faites sauter le tout quelques minutes; ensuite mêlez cela dans votre sauté de poisson déjà un peu cuit. Laissez mijoter; arrosez de quelques gouttes d'essence; laissez réduire votre sauce et servez chaud.

La truite, la tanche, la perche sont excellentes de cette manière.

Poissons farcis.

La farce des poissons d'eau douce se compose de même que celle des poissons de mer; seulement elle doit être très-épicée et assaisonnée, car le poisson d'eau douce est plus fade. Il serait très-convenable de le faire séjourner quelques heures dans la marinade avant de le farcir. On frotte son corps avec jus de citron au dehors et au dedans; on le pique avec du lard fin, et on le fait cuire au four sur le gril ou dans la friture.

On sert à son entour de grosses truffes cuites au court-bouillon; on parfume le poisson avec l'essence. En le servant il doit être très-chaud.

On compose une bonne sauce piquante, dans laquelle on met de petites truffes et qu'on sert en même temps pour l'accompagner.

XVIII.

DES LAITANCES ET ŒUFS DE POISSON.

Les laitances et les œufs de poissons de mer sont reconnus pour être peu délicats, la haute cuisine n'en fait aucun emploi. Les conserves qu'on en fait dans quelques pays lointains, et qui nous parviennent sous des titres pompeux, n'en sont pas moins des choses immangeables, du goût le plus grossier.

Il n'en est pas de même des laitances et œufs de poisson d'eau douce ; leur goût est très-suave ; les mets en sont très-recherchés et se servent sur les meilleures tables. On estime plus particulièrement les laitances de carpes, ainsi que ses œufs ; ce sont ceux qui en effet s'accommodent le plus avantageusement.

M. Brillat-Savarin est l'auteur d'une excellente recette, appelée l'omelette au thon, pour l'emploi des laitances de carpes. Nous sommes étonnés que ce savant gourmet n'ait pas initié les truffes à cette composition et qu'il ait ainsi négligé la partie la plus essentielle de son œuvre. Les truffes peuvent très-bien y être mises en les faisant cuire avec le sauté des laitances et du thon, avant de procéder à l'omelette.

A Lyon on fait d'excellens mets des laitances et des œufs de carpes ; quelques-uns sont à la sauce rousse ; d'autres à la sauce piquante et l'on y met quantité de truffes court-bouillonnées.

On a ordinairement pour règle de ne point mêler les laitances avec les œufs; il faut faire de chacune d'eux un mets différent.

Les laitances demandent à être très-relevées et à cuire peu. Les œufs au contraire doivent cuire un peu plus long-temps; mais ils ont besoin également d'être convenablement assaisonnés.

Vous placez les truffes coupées en morceaux et déjà sautées dans du beurre, avec les laitances ou œufs blanchis déjà un peu revenus sur le feu; salez, poivrez et aromatisez avec quatre épices. Quand cette première sauce est un peu réduite et que votre mets est cuit, vous préparez une sauce selon le goût, que vous parfumez d'essence et dans laquelle vous faites prendre un bouillon à votre ragoût; votre sauce peut contenir câpres, cornichons, etc. Il faut la sauce essentiellement relevée.

On ferait très-bien de laisser tremper les laitances et les œufs dans la marinade pendant quelques heures avant de les faire cuire.

XIX.

DES LÉGUMES.

Ainsi que nous l'avons déjà démontré, les légumes ne peuvent recevoir ou accompagner les truffes ni les mets aux truffes. La volatilité du parfum de la truffe est si grande qu'elle s'échappe de ses chairs dès qu'elle est mise en ébullition avec des corps sûrs, âpres et peu propres à retenir et à concentrer autour d'elle ou en eux cette évaporation au fur et à mesure qu'elle a lieu. Il est cependant quelques légumes, qui sans faire tout-à-fait exception à cette règle toute générale, peuvent par les moyens que nous allons indiquer être accompagnés de truffes ; ce sont ceux-ci : artichauts, choux-fleurs, petits pois, pommes de terre et choux.

Artichauts.

Les truffes se mettent dans les artichauts, lorsque ceux-ci se farcissent seulement. A cet effet on fait cuire de petites truffes épluchées, coupées en morceaux, dans un bon morceau de beurre ou du bon jus assaisonné ; on les saute quelques minutes ; on les ajoute ensuite à la farce cuite, avec laquelle on les mélange en les faisant sauter de nouveau pendant quelques instans ; avant de farcir de ce mélange les artichauts, dont on a ôté le foin et qui sont cuits, on parfume leur cul avec l'essence de truffes.

Pour les artichauts frits, on met dans la friture de la poudre de truffes, et la pâte à frire se parfume avec l'essence.

Choux-fleurs.

Vous laissez les choux-fleurs entiers ; vous ajoutez à l'eau, dans laquelle vous devez les faire cuire, quelques aromates et un sachet de truffes en poudre ; maintenez les choux-fleurs chauds après les avoir retirés, et vous les parfumez avec quelques gouttes d'essence, en les plaçant sur le plat où ils doivent être servis.

Composez et faites cuire la sauce, dans laquelle vous faites bouillir de petites truffes épluchées, passées au beurre ; mettez sur le plat des choux-fleurs, et à leur entour de grosses truffes cuites au vin ou au court-bouillon ; versez votre sauce bouillante sur le plat; faites partir votre plat sur un feu doux pour faire prendre un goût général. La sauce doit être abondante et un peu assaisonnée.

Petits pois.

Les petits pois ne peuvent cuire avec les truffes.

Tous les accomodemens ordinaires peuvent en recevoir ; mais il faut que les truffes soient toujours aux trois quarts cuites avant d'y entrer.

Faites sauter de petites truffes épluchées, que vous laissez entières, avec filets de volaille cuite ou filets de gibier, lard coupé fort mince, jambon émincé; salez, épicez et aromatisez. Lorsque tout cela est presque cuit, vous retirez du feu votre casserole.

Vous faites cuire vos pois comme à l'ordinaire; mais vous y ajoutez un sachet de truffes en poudre et vous y répandez de temps à autre, en les retournant, quelques gouttes d'essence.

Veillez, lorsqu'ils sont prêts d'être cuits, à ce qu'ils n'aient pas trop de sauce et qu'ils n'aient pas été gratinés; alors vous retirez le sachet de truffes en même temps que vous ôtez la casserole du feu. Vous remettez celle de vos truffes sur le feu, en y versant les pois; vous faites faire quelques tours à votre mets et vous le servez très-chaud; arrangez, si vous voulez, de grosses truffes court-bouillonnées autour de votre plat.

Pommes de terre.

Les espèces qu'on doit employer sont celles qui sont d'une ferme consistance, qui ne sont pas trop grosses et qui sont rondes.

Les pommes de terre qui accompagnent les viandes rôties sont presque toujours frites pour les petites pièces; mais pour les grosses, on les fait rôtir dans du jus, et de cette manière elles sont fort bonnes.

La friture des pommes de terre se parfume de même que les autres au moyen d'un sachet de truffes en poudre; et lorsqu'elles sont frites, on les arrose, en les servant, de quelque gouttes d'essence. On peut servir avec elles de petites truffes rondes cuites au beurre, assaisonnées avec soin.

Les pommes de terre rôties se font cuire, comme nous l'avons déjà dit, dans du jus de viande; lorsqu'elles sont cuites, on les arrose avec l'essence, et on y joint des truffes, qu'on aura fait cuire avant les pommes de terre dans ce même jus; ces truffes doivent être grosses et non épluchées. Il faut les servir très-chaudes avec un jus de citron.

Les pommes de terre en ragoût, en purée, ne peuvent point avoir des truffes entières; il faut se contenter de parfumer avec l'essence.

Choux.

Les choux peuvent cuire avec un sachet de truffes en poudre; mais alors ils doivent être seuls dans de l'eau salée, sans être accompagnés ni de lard ni de graisse.

Étant cuits, égouttés et chauds, on les parfume avec l'essence; c'est également ce qu'on fait, si on les passe dans du beurre.

Lorsqu'ils doivent être accompagnés de lard,

saucisson, etc., on ne met point de poudre dans leur cuisson ; mais en les dressant sur le plat, le lard ou saucisson par-dessus, vous versez une forte dose d'essence ; vous faites cuire des truffes grosses et non épluchées dans du vin bien aromatisé et vous les placez au milieu de vos choux, à l'entour du lard. Différemment et si les choux devaient être accomodés au beurre ou autrement, vous mettriez les truffes cuites au vin avec eux dans le même plat et vous leur feriez faire en cet état deux ou trois tours sur le feu.

———

Tous les autres légumes ne peuvent être parfumés que par l'essence et la poudre. On devra se souvenir que la poudre s'emploie pour la cuisson à l'eau et l'essence pour celle des préparations prêtes à manger.

XX.

PÂTISSERIE.

La pâtisserie dans laquelle on peut faire entrer les truffes est celle qui ne contient ni sucre ni confitures. La pâte qui forme croûte doit être exagérément assaisonnée ; elle doit être ordinairement bien conçue.

Elle se divise en deux classes : la première est celle qui se mange froide, la seconde celle qui se mange chaude. Cette démarcation est importante à faire, car la règle à suivre pour l'emploi des truffes est particulière à chacune de ces deux espèces.

La pâtisserie aux truffes est en général un succulent manger, lorsqu'elle est bien travaillée. Elle se sert dans les hautes tables ; les repas marquans ne peuvent s'en passer. Il faudrait en la mangeant boire de l'excellent vin.

Pâtés chauds.

Petits pâtés de hors-d'œuvre.

Les petits pâtés pour hors-d'œuvre sont ordinairement composés de hachis de volaille ou de gibier, ou d'un peu de godiveau et jus ; du moins ce sont ceux dans lesquels vous pourrez mettre des truffes. Dès que vos petits pâtés sont prêts, vous jetez dans l'intérieur quelques gouttes d'essence ; vous en répandez également sur le hachis de volaille ou godiveau, qui doit être prêt, c'est-à-dire cuit en le plaçant dans le pâté. Vous faites ensuite passer dans du beurre ou du jus de petits morceaux de truffes : intercalez-en un peu dans le pâté et finissez en arrosant d'essence l'intérieur de vos petits pâtés, qui doivent être très-chauds.

Vols-au-vent.

Le vol-au-vent est composé de riz et de cervelles de veau, de crêtes et rognons de coqs, écrevisses, champignons, etc. ; la pâte doit être fine, légère et mangeable.

Lorsque vous avez bien nettoyé et blanchi ce que vous allez employer, vous mettez dans une casserole la sauce que doit comporter votre mets ; c'est ordinairement une sauce rousse très-légère ; vous y mettez vos riz, cervelles, crêtes, etc. ; vous les faites partir sur le feu.

Vous prenez des truffes épluchées ; vous les coupez en petits morceaux carrés, et vous les passez dix minutes sur le feu dans un bon jus ; vous les assaisonnez peu. Ensuite vous jetez sauce et truffes dans votre ragoût, qui est

sur le feu : faites cuire doucement. Lorsque le
tout a bien mijoté et que vous êtes au moment
de servir, vous videz tout ce qui est dans votre casserole dans le pâté ; vous replacez le couvercle après avoir mis vos champignons cuits et
versé un peu d'essence au-dessus du vol-au-
vent.

Ces vols-au-vent sont tout ce qu'il y a de
plus délicat, de plus succulent, et font le meilleur effet dans un repas.

Tourtes.

Les tourtes ne sont que des vols-au-vent de
grande dimension, et qu'on fait par cette raison avec une quantité d'autres choses qu'on
ajoute à celles des vols-au-vent, telles que morceaux de volaille, gibier, godiveau, etc., ce
qui rend les tourtes un peu moins délicates et
moins fines.

De même que pour les vols-au-vent, vous
placez sur le feu toutes vos matières ensemble,
et les faites arriver à un égal degré de cuisson.
Vous vous servez pour cela d'une sauce à votre

goût; il la faut un peu abondante et d'un goût relevé.

Prenez des truffes épluchées, passez-les dans du bon jus, ne les laissez sur le feu que quelques minutes; versez-les ensuite avec leur sauce dans la cuisson de vos autres objets, laissez mijoter sur un feu doux jusqu'à ce que tout soit entièrement cuit.

Pendant ce temps vous préparez votre tourte, c'est-à-dire qu'elle doit être faite et sortie du four; vous parfumez l'intérieur de quelques gouttes d'essence, et vous y versez ensuite votre préparation très-chaude au moment de servir.

Pâtés de gibier.

On prend pour ces pâtés la caille, la grive, la mauviette et les membres de la bécasse.

Vous dépecez ces oiseaux avec précision, c'est-à-dire que vous leur enlevez les membres et les filets; vous les passez dans un morceau de beurre sur le feu, afin de les faire rôtir. Vous les assaisonnez et les épicez un peu.

Vous composez une farce avec jambon, lard

maigre , blanc de volaille hachés ; persil , ciboule, poivre, sel, etc. Faites sauter cela dans
une autre casserole que celle de vos membres
de gibier ; parfumez le hachis ou la farce avec
quelques gouttes d'essence. Cela fait , retirez-
la du feu.

Prenez d'assez belles truffes épluchées : passez-les dans de bon jus pendant un petit quart
d'heure ; quand votre sauce est bien réduite ,
vous y mélangez le hachis, ainsi que les membres
du gibier. Faites partir le tout sur le feu, afin
que ces sauces s'éclipsent presque entièrement.

Votre pâté se construit à l'avance : vous en
avez dû formuler la pâte dans un moule ; en
cet état versez quelques gouttes dans tout l'intérieur. Versez-y ensuite tout ce que contient
votre casserole , sans en rien excepter ; vous
fermez aussitôt le pâté avec son couvercle , et
le mettez dans un four légèrement échauffé.
Lorsqu'il est cuit et qu'il a une belle couleur,
vous le retirez et vous faites un trou à son couvercle , de manière à pouvoir y placer le bout
de l'entonnoir ; au moment de servir vous y
versez une sauce fine un peu fortement relevée

et épicée. Ce pâté doit être servi très-chaud.

Pâtés froids.

Terrine de gibier.

Ce genre de pâté est fait plutôt pour être conservé que pour être instantanément mangé ; on se sert le plus souvent pour cela de faisans ou de perdreaux. La terrine est en faïence, et a la forme d'un pâté rond.

Vous commencez par désosser votre gibier : il n'est pas nécessaire d'en hacher les viandes ; vous pouvez, pour les assaisonner, les tremper dans la marinade ou bien les assaisonner avec poivre, sel, quatre épices, etc.

Vous composez une farce avec hachis de volaille, jambon, quelques petits filets de lard, et quelques gouttes d'essence de truffes ; faites sauter cela quelques minutes dans un peu de beurre ou jus.

Epluchez de petites truffes rondes, laissez-les entières et faites-les cuire un quart d'heure avec lard, jambon, quelques bons morceaux de veau ou résidus de volaille ; épicez-les et assaisonnez-les un peu exagérément.

Retirez ensuite les truffes que vous mêlez avec la farce, laissez refroidir ; disposez alors convenablement dans la terrine les truffes, la farce et les viandes, de manière à les bien mélanger ensemble ; arrosez de quelques gouttes d'essence et achevez, comme à l'ordinaire, en faisant cuire la terrine au four.

Si ce pâté est fait pour être conservé, on doit recouvrir les viandes de deux doigts au moins d'épaisseur de saindoux, afin que l'air ne puisse pas s'introduire dans la terrine. Cette opération se fait bien entendu après la cuisson de la terrine, et lorsqu'elle est froide.

Lorsqu'on veut laisser le gibier entier pour le mettre en terrine, on emplit son corps de farce et de truffes, en le fendant en deux par le dos, et on a soin de bien envelopper son corps de farce dans la terrine, afin qu'il n'y ait aucun vide. Vous pouvez piquer les viandes, si telle est votre volonté ; mais vous devez éviter de mettre une grande quantité de lard dans l'intérieur du pâté ou à l'entour des truffes ; outre que ces gras font un très-mauvais effet, il arrive, si l'on conserve ce pâté quelque temps, que ce lard devient rance, et communique ce goût aux viandes et aux truffes.

Pâtés de lièvre.

C'est à Lyon que se font les meilleurs pâtés de lièvre. On n'a pas encore eu l'idée d'y introduire des truffes qui les rendraient bien autrement délicieux. On fait ordinairement pour ces pâtés une croûte légère très-bonne, que l'on mange avec plaisir.

Ces pâtés sont de forme longue et étroite. On doit préparer la pâte à l'avance, et disposer les viandes.

Après avoir désossé le lièvre, haché et assaisonné ses chairs, vous passez au travail des truffes.

Prenez de petites truffes rondes, épluchez-les seulement; passez-les de même que pour celles en terrine dans du bon jus, ou de bons résidus de viande, lard, jambon, quatre épices, etc.; assaisonnez-les bien. Il n'est pas nécessaire de faire une autre farce. Quand tout cela sera resté un quart d'heure au feu, vous retirez votre casserole et vous laissez refroidir.

Vous arrangez ensuite vos truffes parmi la viande du lièvre dans la pâte moulée ; vous y joignez également tout ce qui a cuit avec les truffes ; vous étendez dans vos chairs de légers petits filets de lard ; vous parfumez avec l'essence ; refermez le pâté et le mettez au four.

Ce pâté est délicieux : il se sert pour les déjeuners le plus habituellement.

Pâtés de gibier volatile : bécasses, mauviettes, cailles, grives, faisan, perdreau.

Nous ne concevons qu'avec beaucoup de peine les louanges données par le public sur l'excellence des pâtés qui nous viennent de certains pays où leur confection est renommée ; car il en est quelques-uns qui sont loin de la mériter. Dans ce nombre se trouvent, par exemple, les pâtés de mauviettes de Pithiviers.

Certes, ce doit être une chose délicieuse, nous dira-t-on, que ces petits animaux apprêtés en pâtés, cuits dans leur parfum, dans leur suc : cela pourrait être sans doute ; mais cela n'est point. Qu'on se figure quatre, six, huit ou douze corps de ces animaux fort tristement couchés, nus, sans aucune farce, les uns à côté des autres, sur une croûte sèche et noire, desséchés eux-mêmes, et dans un état affreux de dépérissement. Pour l'œil, voilà ce qui se présente à l'ouverture du pâté : aussi dès que la croûte est enlevée, et que ces animaux isolés et ainsi étendus sont frappés par le regard, ne s'imaginerait-on pas un champ de bataille où les morts, çà et là épars, restent privés de sépulture.

La mauviette n'a plus aucun goût, aucune saveur ; elle porte un goût fade et seulement d'épices ; ses viandes sont entièrement sèches, la croûte du pâté est immangeable : voilà pour le goût.

Un plaisant dégustateur improvisa à ce sujet, à déjeuner, le quatrain suivant, qu'il prononça en replaçant le couvercle sur un de ces pâtés que ses convives rejetaient :

Là, reposez en paix à l'abri des gourmands,
Paisibles animaux aux cœurs hélas ! trop tendres ;
Ne craignez pas qu'humains vivans,
Mangent des morts réduits en cendres.

Il faut pour ces sortes de pâtés une pâte bien travaillée, de bon goût et moelleuse; il la faut pourtant assez solide. Elle se prépare à l'avance et doit être placée dans le moule, lorsque vous passez à la préparation des viandes ainsi qu'à celle des truffes.

Les volatiles un peu gros, comme le faisan, la bécasse, se coupent ordinairement en quatre morceaux, lorsqu'on ne les désosse pas; les autres se partagent seulement en deux.

Vous composez une farce avec bris de volaille, foies de gibier, jambon hachés; poivre, sel, assaisonnemens; vous faites revenir tout cela dans le beurre ou dans du jus. Cette farce est indispensable; car un pâté, fût-il composé avec le meilleur gibier, serait évidemment manqué, si une farce n'y était point mise, parce que les viandes en cuisant au four se dessécheraient et rendraient le pâté vide et creux.

Prenez ensuite de petites truffes rondes épluchées; vous les faites sauter dans un réduit de volaille, de manière à les bien nourrir; épicez fortement, salez, poivrez; ensuite mélangez les truffes avec votre farce, et laissez le tout sur le feu jusqu'à ce que la sauce se tarisse; emplissez ensuite le pâté comme à l'ordinaire et faites le cuire.

Si vos pièces de gibier restent entières sans être dépecées, vous les farcissez de même que si elles devaient rôtir ; vous les placez dans le pâté en arrosant avec l'essence, et vous bouchez avec la farce les interstices qui se forment entre la pièce et la croûte ; vous aurez dû faire assez de farce pour bien remplir le pâté. Quoique la pièce soit truffée, la farce qui remplit le pâté doit avoir des truffes ; vous replacez ensuite le couvercle et vous mettez au four. Ces pâtés froids ne se servent que pour les déjeuners.

Pâtés de volaille.

On n'emploie ordinairement que la plus délicate et les morceaux qui en sont les plus fins.

La volaille ne demande pas à être autant assaisonnée que le gibier; on fera bien de tremper ses chairs dans la marinade et de la piquer ensuite de lard.

Prenez de petites truffes épluchées, mettez-les avec poivre, sel, aromates, du bon jus de

glace de viande, faites-leur seulement faire plusieurs tours sur le feu, ensuite retirez-les.

Passez de même dans une autre casserole
votre farce, qui est faite avec filets de bécasses,
de perdreaux, de grives, etc., mêlez-y quelque
peu de jambon, de petits morceaux de lard, et
quelques gouttes d'essence.

Joignez ensuite la farce et les truffes avec
les viandes, arrangez-les dans le pâté, arrosez-
le d'essence à l'intérieur, qu'il soit bien plein,
faites le cuire au four comme à l'ordinaire.

Pâtés de veau et de jambon.

Nous serions d'avis de laisser un peu mortifier
ces viandes avant de les employer : c'est pour
cela que les viandes fumées sont meilleures en
pâtés que les autres.

Ces pâtés se font à peu près de même que les
précédens. Ils s'assaisonnent à peu près de
même ; cependant les assaisonnemens doivent
frapper un peu plus le veau, qui est une viande
fade, que le cochon ; on peut faire des pâtés
de chacune de ces viandes, ou bien les mélanger toutes les deux ensemble : cela est au
choix de l'opérateur.

Vous ajoutez à la farce que vous composez avec blancs de volaille, lardons, gibier, etc., un peu d'essence de truffes; piquez les viandes avec des carrés de truffes coupées en long et arrangez-les dans l'intérieur du pâté, comme vous le faites ordinairement.

Faites cuire de petites truffes épluchées dans de la bonne graisse de volaille pendant deux ou trois minutes, et mélangez-les dans le pâté, en arrosant d'un peu d'essence; mettez ensuite votre pâté au four.

Quoique ces pâtés puissent se manger froids, ils peuvent se manger également à leur sortie du four, et dans ce dernier cas ils ont un meilleur goût.

Pâtés de foies.

On emploie seulement en pâtés les foies d'oies et de canards; les meilleurs sont les foies d'oies de Strasbourg, et les foies de canards de Toulouse. Ces pâtés ont l'avantage de pouvoir se conserver au moins huit ou dix jours sans s'altérer. Ils sont très-bons, lorsqu'ils sont bien travaillés ; les foies d'oies sont plus recherchés et valent avec raison mieux que ceux de canards.

La croûte doit être d'une ferme consistance : alors vous aurez soin de faire la pâte épaisse ; vous la placez dans le moule en arrosant l'intérieur avec l'essence de truffes.

Plusieurs pâtissiers de Strasbourg ont l'usage de passer les foies dans le beurre avant de les mettre dans le pâté ; nous ne saurions qu'y applaudir : cela leur donne un bon goût et les maintient fermes.

Avant de passer à cette opération, vous piquerez de morceaux de truffes coupés en carrés longs, toute la quantité de foies que vous aurez : vous les passez donc ensuite au beurre, les retirez et les laisser sécher.

Vous épluchez des truffes petites, mais rondes ; vous les faites sauter dans le même beurre que les foies ; vous assaisonnez avec poivre, sel, et épices ; au bout de quelques minutes vous les retirez et les faites égoutter.

Faites une farce avec hachis de jambon maigre et gras, quartier de gibier, poivre, sel, et assaisonnemens ; faites sauter cette farce

35

dans le même beurre où vous avez fait cuire et les truffes et les foies.

Arrangez ensuite vos foies par lits dans l'intérieur du pâté; à chaque lit ayez soin de bien garnir les foies de farce, afin de ne point laisser de vide; versez sur chaque lit quelques gouttes d'essence, achevez comme à l'ordinaire, et faites cuire ensuite votre pâté au four.

Ces pâtés ne peuvent se manger chauds : il faut indispensablement qu'ils soient très-froids.

PATÉS DE POISSON.

Les poissons qu'on peut seulement employer en pâtés sont : saumon, truite, tanche, sole, thon et anguille. Ces pâtés peuvent se manger chauds et froids.

Ces mets, quoiqu'ils ne soient pas de la première distinction, peuvent cependant être très-succulens, lorsqu'ils sont bien travaillés.

Patés chauds.

Anguille, truite, saumon.

Ces poissons peuvent se mélanger dans un

seul pâté ; mais le pâté sera plus délicat et plus gracieux en n'y mettant qu'une seule espèce de poisson : ces pâtés demandent à être très-relevés.

Vous vous rappelez sans doute de ces excellens vols-au-vent dont nous vous avons esquissé la composition avec les truffes dans un de ces paragraphes ; eh bien ! rien n'est presque changé dans cette composition pour les pâtés de poisson ; elle est à peu près la même : bonne sauce rousse au jus, les truffes épluchées petites et rondes, et coupées en morceaux carrés, dans laquelle elles doivent sauter. Faire cuire dans une casserole foncée de bardes de lard, de jambon et de résidus de volaille, le poisson coupé par morceaux parés et assaisonnés. Lorsqu'il est presque cuit, vous y joignez les truffes, champignons, et garnitures cuites, telles qu'écrevisses, crêtes, etc. ; mais il ne faut point vous servir de gras qui ont servi à faire cuire le poisson : vous laissez un peu mijoter tout cela sur le feu dans la même casserole. Vous aurez préparé la croûte du vol-au-vent par avance ; au moment de servir, parfumez l'intérieur avec l'essence, et versez dedans tout ce que contient votre casserole : cela doit être bouillant ; arrosez d'essence, replacez le couvercle, servez chaud et promptement.

On entend par poisson paré, celui dont on ôte les grosses arêtes, la tête, les nageoires, la queue, ainsi que la peau du dessous du ventre, contre laquelle posent les entrailles.

Si le poisson est cuit à point, c'est-à-dire est ferme et bien tenu, on en ôte la peau, ce qui en rend les morceaux plus délicats.

Thon, tanche, sole.

Avec ces poissons, qui ne demandent point un travail aussi léger que celui des précédens, il faut une croûte assez forte, de manière à pouvoir supporter les effets du four. De même que les précédens, ces poissons peuvent être mélangés entre eux, de même qu'ils peuvent à part chacun être employés.

Ce n'est plus ici cette finesse de préparation, ces ingrédiens combinés, ces dispositions tout-à-fait parcimonieuses qu'il faut avoir. C'est à foison qu'on doit répandre assaisonnemens, avec longeur de temps que la cuisson doit être faite, en un mot, il faut consommer votre œuvre au lieu de vous contenter de l'effleurer.

Préparez votre pâte dans le moule, afin de formuler votre pâté.

Prenez d'assez belles truffes, épluchez-les et passez-les, en les assaisonnant de poivre, sel, laurier, quatre épices, dans de bons jus, de bons résidus de viande, ou dans un court-bouillon; qu'elles cuisent ainsi cinq minutes. Retirez-les, égouttez-les.

Parez votre poisson, coupez-le en morceaux, et passez-le dans un peu de beurre; faites-lui seulement voir le feu, ôtez-le.

Hachez morceaux de volaille, gibier, jambon, persil, ciboule; salez, poivrez et aromatisez, faites sauter cela quelques minutes dans une casserole foncée de bardes de lard.

Joignez les truffes à cette farce, placez-les avec elle et le poisson dans le pâté, en l'arrosant d'essence; remettez le couvercle du pâté, passez-le au four, comme vous faites ordinairement: lorsqu'il est cuit, retirez-le, faites un trou au couvercle pour verser dans le pâté par l'entonnoir une bonne sauce rousse, bien chaude ; servez très-chaudement. Il faut qu'on boive avec cela du bon vin.

Pâtés froids.

Les poissons de ces pâtés peuvent se mélanger entre eux de manière cependant à ce que les poissons d'eau douce aient au moins avec eux un poisson de mer.

Le thon et le saumon se font chacun en pâtés, assez ordinairement sans aucun mélange d'autres poissons.

Lavez et parez votre poisson, mettez-le tremper au moins trois heures dans la marinade.

Épluchez pendant ce temps de grosses truffes, que vous passez, en les arrosant de quelques gouttes d'huile, dans une casserole foncée de lard, jus, etc., assaisonnemens et quatre épices.

Pilez ou hachez blanc de volaille, persil, ciboules, anchois, quelque peu de thon cuit mariné ; ajoutez-y poivre, sel et assaisonnemens, quelques gouttes d'essence. Faites revenir tout cela sur le feu un petit quart d'heure, dans de bons gras. S'il restait un peu trop de sauce, vous y mettez un peu de mie de pain.

Prenez votre poisson, égouttez-le et faites-le cuire dans un peu d'huile ou autre liquide, comme court-bouillon, etc.; dès qu'il est cuit égouttez-le et laissez-le refroidir.

Votre pâte dans le moule, vous l'arrosez de quelques gouttes d'essence, vous y placez votre poisson par lit, entre chaque lit de poisson vous placez un lit de farce et truffes, et sur chaque lit vous répandez quelques filets d'essence; vous remplissez bien le pâté, vous mettez son couvercle et le faites cuire au four comme les autres.

Il est nécessaire d'épicer le poisson d'eau douce davantage que le poisson de mer. Il faut employer du poisson de la plus grande fraîcheur.

XXI.

DES ŒUFS.

Lorsqu'on met du sucre avec les œufs ou des légumes ou de la crème, il est impossible qu'on puisse y mettre des truffes.

Les œufs cuits entiers au beurre ou à l'huile ne peuvent avoir des truffes entières ; on les arrose seulement avant de les servir avec quelques gouttes d'essence. On peut mettre sur le même plat des truffes entières non épluchées cuites au court-bouillon ou au vin.

Mais les truffes s'accordent parfaitement avec les œufs brouillés, ou en omelette, qu'on fait au jambon, ou au lard, ou encore sans aucun de ces accessoires : ces mets sont même très-bons, très-fins, très-succulens, très-recherchés et de bon ton.

Il est à remarquer que dans ce cas les truffes ne veulent avec elles cuisant, ni ognons, ni ciboules, et généralement aucun herbage.

Cassez et battez vos œufs comme à l'ordinaire.

Épluchez de petites truffes, que vous coupez en morceaux carrés, et que vous assaisonnez de poivre, de sel et peu d'épices.

Faites fondre dans une casserole un bon morceau de beurre ; si vous avez lard et jambon à mettre dans l'omelette, faites-les revenir un peu dans le beurre, ajoutez-y ensuite les truffes, et faites-les sauter jusqu'à ce qu'elles soient entièrement cuites, retirez alors les truffes.

Ajoutez un peu de beurre, s'il n'en reste pas assez dans la casserole, versez-y les œufs battus ; lorsqu'ils sont un peu pris, sans cependant qu'ils se soient attachés au fond de la casserole, vous y versez les truffes et achevez votre omelette comme à l'ordinaire ; au moment de servir, vous pouvez l'arroser avec l'essence, et servir à l'entour du plat des truffes très-chaudes, cuites au vin avec citron partagé en deux.

Pour les œufs brouillés et l'omelette sans lard ni jambon, vous procédez d'une manière tout-à-fait semblable.

Ces mets ne doivent pas manquer de beurre.

XXII.

GRENOUILLES.

On ne fait des mets aux grenouilles que presque dans le midi de la France. La haute cuisine ne s'en sert qu'en préparations de sauces, ou pour potages. On peut cependant en faire avec les truffes des mets fort bons et très-délicats.

A Lyon on les prépare en sauté, en blanquette ou à la sauce blanche, ou bien on les fait cuire en matelote dans du vin.

Les grenouilles demandent à cuire peu, à être fortement relevées et assaisonnées. On les fait cuire préparatoirement dans de l'eau pure, avec un peu de sel : on peut alors y ajouter un sachet de truffes en poudre.

Faites voir le feu seulement à des truffes épluchées, coupées en morceaux carrés, que vous mettez dans du beurre en les assaisonnant, ou bien après les avoir trempées dans la marinade ; vous les faites ensuite cuire avec les grenouilles dans leur sauce, quelle qu'elle soit.

Lorsque c'est cuit, vous arrosez de quelques gouttes d'essence ; vous servez le plus chaud possible ; servez plusieurs citrons en même temps.

XXIII.

CRUSTACÉS.

*Tortue, homard, crevette, ecrevisse, moule,
huitres.*

Généralement tous ces animaux ne s'emploient que comme auxiliaires d'un mets; il en est cependant qui le constituent à eux seuls. Ils peuvent tous recevoir des truffes. Le parfum des truffes les élève à un haut degré de considération.

Tortue.

Les mets qu'on fait avec la tortue sont peu nombreux; mais on en fait d'excellens potages : on a même porté cette espèce de préparation à un très-haut degré. Les meilleures tortues à employer sont celles qui nous viennent d'Afrique.

Partout où la cuisson de la tortue se fait dans une certaine quantité de liquide, vous mettez un sachet de truffes en poudre ; vous ajoutez ce sachet même avec l'eau dont vous vous servez pour la faire dégorger. Il faut que la tortue cuise fort long-temps. Vous passez des truffes entières et épluchées dans du bon bouillon de viande ; vous les aromatisez beaucoup, et quelques instans avant que la tortue achève de cuire, vous les y versez. Les truffes ne doivent pas être coupées ; elles se servent entières dans le potage. Lorsque les truffes sont avec la tortue, on ne doit point mettre de poivre de Cayenne.

Homard.

Le homard se fait cuire dans de l'eau avec aromates ; vous joindrez donc au paquet des aromates une assez grande quantité de truffes en poudre.

Vous fendez ensuite le homard en deux parties égales, en allant de la tête à la queue. Vous vous mettez à extraire les chairs de l'intérieur, que vous placez au milieu d'un plat, et auxquelles vous faites une sauce rémolade ; vous parfumez les chairs avec quelques gouttes d'essence, et vous servez dans votre sauce rémolade de grosses truffes non épluchées, chaudes, cuites au court-bouillonnées. Les autres sauces qu'on fait au homard sont moins recherchées; elles sont effectivement moins analogues à cette sorte de chair.

Crevette.

Dans leur eau de cuisson avec leurs assaisonnemens, ajoutez une forte dose de truffes en poudre. Lorsque vous les retirez, arrosez-les toutes chaudes de quelques gouttes d'essence. Si vous retirez les chairs de leurs coques pour les mettre à la sauce, servez-vous des truffes épluchées, cuites au vin, et servez chaudement.

Ecrevisse.

Mettez de même dans leur eau de cuisson et avec les aromates une certaine quantité de truffes en poudre; arrosez-les d'essence en les retirant, et lorsqu'elles sont encore chaudes. Si vous les servez en buisson, mettez à l'entour du plat de grosses truffes court-bouillonnées.

Les écrevisses à la sauce sont excellentes avec les truffes entières : on fait sauter dans du bon beurre de petites truffes épluchées ; on les fait ensuite mijoter dans la sauce avec les chairs des écrevisses.

Les truffes ne veulent pas qu'on mette avec les écrevisses quantité d'ognons.

Moules.

On fait également usage des truffes en poudre pour faire cuire les moules dans l'eau.

Dans leur sauce, qui est le plus ordinairement à la poulette, mettez des truffes épluchées, coupées par carrés et passées au beurre. Faites prendre un bout à votre sauce, et versez-la bouillante sur vos moules chaudes. Ce mets ne se sert pas dans les grandes tables.

Huîtres.

Les huîtres mangées crues peuvent se par-

fumer avec une goutte d'essence en les mangeant : pour cela il faut verser dessus quelques
gouttes de jus de citron, afin de détruire un
peu le goût de marée, et pour que l'essence
ait plus d'effet.

Les huîtres cuites ne sont pas estimées des
gourmands. Celles qu'on fait à la sauce peuvent
être parfumées avec l'essence, et la sauce peut
cuire avec des truffes coupées en carrés, cuites au vin : celles cuites sur le gril dans leurs
coquilles se parfument seulement avec l'essence.

Pour tous les petits coquillages généralc-
ment, que vous faites cuire à l'eau, vous parfumez en vous servant de la poudre de truffes :
pour ceux en sauce, vous vous servez de l'essence et de carrés de truffes cuites au vin.

XXIV.

LE PLUMPUDDING.

Le plumpudding est une composition anglaise qui est presque connue de tout le monde aujourd'hui. On en fait des dérivés appelés pudding et bread-pudding; mais ces derniers ne contiennent que peu ou point de substances grasses : dès lors il ne leur est pas possible de recevoir des truffes.

On nous a observé avec juste raison que nous devions satisfaire les gourmands amateurs de l'anglomanie sur la question de savoir si en définitive la composition du plumpudding peut permettre qu'on y introduise des truffes.

Nous commencerons par avouer qu'il nous est difficile de vaincre la répugnance que nous éprouvons à la vue et au gout de ce mets : rien au monde en effet ne peut légitimer un pareil rapprochement de goûts aussi opposés entre eux : le sucre, le sel; le bouillon, le raisin; citrons et graisse de rognon. Certes si l'on était parvenu à faire quelque chose de bon avec un rapprochement aussi bizarre de matières, l'on eût mérité la palme : c'eût été un vrai tour de force; mais on est malheureusement bien loin de pouvoir se glorifier de cela. Mangez votre pudding, messieurs les Anglais; mais sachez qu'à notre avis, c'est la production la moins

combinée, la moins potable, et la plus ma-
vaise, pour parler net.

Si le plumpudding ne contient ni sucre ni
lait, vous pourrez même, en y laissant les cé-
drats confits et les raisins secs, le parfumer de
truffes, y joindre des truffes même. A cet effet
vous faites cuire vos truffes dans du vin de Madère; vous les salez et aromatisez: elles ne doivent
rester que quelques minutes sur le feu; vous les
mélangez ensuite au plumpudding, que vous
enveloppez et que vous faites cuire comme
d'ordinaire; et lorsqu'il est cuit, que vous
le retirez étant chaud, vous répandez sur toute
sa longueur quelque peu d'essence de truffes.

Si l'on n'a pas de truffes entières, on peut
prendre des truffes en poudre, qu'on a soin de
faire revenir dans de la graisse de rognon de
bœuf.

XXV.

DE LA SALADE PROPREMENT DITE.

La salade avec laquelle on peut mettre des

truffes, est celle qui ne comporte avec elle ni ail, ni beaucoup de vinaigre ; telle est la romaine, l'escarole, les mâches, la chicorée sauvage, le cresson.

N'employez que les feuilles tendres, laissez les cœurs entiers de la salade qui en a ; placez votre salade dans le saladier, prenez des truffes cuites au vin ou court-bouillonnées, épluchées ; laissez-les entières, et décorez-en le dessus du saladier ; ayez surtout de la bonne huile, et assaisonnez la salade comme à l'ordinaire ; prenez pour vinaigre un peu de la marinade.

XXVI.

DES CHAMPIGNONS.

Comme nous l'avons déjà dit bien des fois, le champignon et les truffes ne peuvent cuire ensemble ; pour arriver à parfumer de truffes les champignons, et à mettre des truffes avec eux, il a fallu trouver des expédiens particuliers.

Vous laissez infuser quelques heures les champignons dans la marinade ; vous les retirez ensuite et les faites égoutter ; vous les mettez avec un morceau de beurre dans une casserole, vous les faites partir à grand feu deux minutes, après vous complétez la sauce dans laquelle ils doivent achever de cuire.

C'est à ce moment que vous y ajoutez les truffes, que vous avez épluchées et laissées entières ; vous les assaisonnez par la marinade, vous les faites sauter dans le beurre, et vous les jetez immédiatement dans la sauce des champignons, avec lesquel s elles achèvent de cuire.

Les truffes et les champignons achèvent de cuire en même temps ; à leur sortie du feu, vous arrosez la sauce de quelques gouttes d'essence.

XXVII.

DES MORILLES.

Les morilles, espèce de champignons sauvages, viennent en grande partie de l'Allemagne. Leur goût est âpre ; elles se font ordinairement sécher pour être expédiées : ce n'est que sèches qu'elles parviennent en France.

Par la saveur qui leur est particulière les morilles sont recherchées avec juste raison par les gourmands, qui les préfèrent aux champignons; mais cette saveur a besoin d'être développée par le savoir du cuisinier, car tout d'abord elle paraît être d'un goût maussade.

Les morilles se font cuire et s'apprêtent d'une manière tout-à-fait semblable à celle des champignons; cependant nous avons remarqué qu'elles étaient moins susceptibles que ces derniers de nuire aux truffes en cuisant avec elles.

Lorsque vous aurez détrempé les morilles dans plusieurs eaux, vous les laisserez séjourner dans la marinade quelques heures; vous les égouttez ensuite et les mettez sur le feu dans du beurre. Dès qu'elles ont vu le feu, vous les retirez du beurre, dans lequel alors vous mettez de petites truffes entières, rondes et épluchées; laissez-les faire deux ou trois tours sur le feu en les assaisonnant; joignez ensuite les morilles aux truffes; achevez la sauce comme d'habitude, et laissez cuire à feu doux tant qu'il en sera besoin.

Ces mets sont de la plus grande distinction et du plus grand prix par leur extrême succulence : il en faut les sauces très-relevées et bien finies.

XXVIII.

FRUITS.

Nous avons rencontré nombre de personnes qui aimaient ardemment l'odeur ou le parfum des truffes, mais qui n'en pouvaient pas manger les chairs ; ceci s'explique presque, en pensant qu'il est possible que ces personnes s'imaginant que la truffe est un corps tout-à-fait indigeste, susceptible de les incommoder, il leur répugne d'en manger.

Dès lors on a dû chercher les moyens de faire passer l'odeur des truffes sur d'autres substances ; mais on n'a pas toujours réussi dans leur application ; ceux qui consistaient à prendre des fruits pour cette opération ont totalement avorté et sont impossibles à exécuter, quoi qu'on en puisse dire.

Ils sont impossibles à exécuter, parce que non seulement le fruit s'emparer de l'odeur des truffes, mais encore parce que les fruits renfermés avec les truffes pourrissent dans un court espace de temps, et qu'au lieu d'avoir eu communication du parfum des truffes, ils ont une odeur corrompue déclinant, et ont passé, par l'effet de ce contact, d'un état sain à celui le plus complet de pourriture.

Ainsi donc les fruits, autres que ceux employés pour assaisonnemens dans la cuisine et dont nous allons parler, ne peuvent gagner en bonté en étant parfumés de truffes : nous estimons au contraire que les fruits frais, tels que pommes, poires, pêches, abricots, oranges, etc., se trouveront fort mal de cette odeur, et que jamais les personnes de bon goût, et qui tiennent à conserver ces fruits, ne doivent les mettre en rapport avec les truffes.

Les seuls fruits qu'on puisse parfumer, encore ne peut-on le faire pour les conserver frais, sont : les cerneaux, les citrons, les bigarades ou oranges amères, le verjus, les pommes et les pistaches.

L'odeur des truffes ne peut leur être communiquée que par l'essence, en en répandant quelques gouttes sur l'objet qu'on veut parfumer.

Les cerneaux se font sauter dans un peu de la marinade : on peut les parfumer d'essence.

On doit extraire le jus des fruits qui en ont, tels que : citron, bigarades, verjus ; y faire séjourner des truffes en poudre. Lorsqu'on a besoin de ce jus, on retire les truffes en poudre et on y met de l'essence.

Les pommes et les pistaches se parfument avec l'essence dans les viandes où elles sont placées.

XXIX.

TOMATES.

La tomate est un fruit rouge en forme de pomme ; elle naît d'une plante vivace. Ce fruit est employé pour la cuisine : il est même d'un assez bon goût ; il s'emploie particulièrement en sauces.

La tomate et les truffes peuvent cuire en même temps et ensemble : ces dernières lui communiquent un goût qui rend le sien très-agréable. Si vous n'avez pas de truffes fraîches et entières, contentez-vous de faire cuire dans la tomate un sachet de truffes en poudre, et lorsque la tomate en sauce est prête à être servie, vous la parfumez avec l'essence.

Si vous avez des truffes entières, passez-les dans le beurre avant de les mettre dans les tomates cuisant, et ensuite mettez-les avec ces dernières achever de cuire.

Pour les conserves de tomates, voici ce que vous devez faire :

Vous mettez cuire avec les tomates une assez bonne dose de truffes en poudre ; lorsque vous les retirez du feu, vous retirez en même temps le sachet qui contient la poudre, et vous arrosez les tomates avec l'essence ; vous les mettez ensuite comme à l'ordinaire en petites bouteilles ou flacons.

XXX.

CORNICHONS, CAPRES.

Dans la conserve des cornichons, vous ajoutez un sachet de truffes en poudre ; vous en mettez un également dans le vinaigre, que vous faites bouillir à plusieurs reprises pour le verser sur les cornichons.

Lorsqu'on sert des cornichons sur table , on peut les parfumer avec quelques gouttes d'essence. De cette manière vous leur donnez un goût tout-à-fait merveilleux.

Pour les câpres vous procédez de même.

XXXI.

OLIVES.

Les olives fraîches sortant d'être cueillies ne sont pas mangeables ; il faut pour qu'elles le soient, comme chacun sait , qu'elles aient passé à une préparation saumurée.

Lorsqu'on veut les parfumer de truffes , on introduit dans cette préparation un sachet de truffes en poudre : on doit laisser ce sachet dans la préparation de celles qui se mettent en petits barils ou bocaux.

Lorsqu'on les met à l'huile , il faut pour cela

37

qu'elles soient en petits bocaux, on ajoute quelques gouttes d'essence que l'on verse dans l'huile.

XXXII.

HUILE ET VINAIGRE.

En laissant infuser pendant plusieurs jours de la poudre de truffes dans ces substances, elles se trouveront agréablement parfumées. L'huile ainsi parfumée doit être consommée sous quinze jours environ, plus tard elle prendrait un goût de rance.

XXXIII.

MOUTARDE.

Tout ce qui a été fait jusqu'à présent pour parfumer la moutarde de truffes a été fort mal exécuté et réussi. La fusion des truffes entières avec la graine de moutarde en poudre, ou bien le broiement de la truffe avec elle, seuls moyens employés jusqu'à ce jour, ne sont

point des combinaisons capables de faire retenir à la graine de moutarde pilée, l'odeur de
la truffe, opprimée qu'est cette volatile odeur
par la véhémence de celle de cette graine, lorsqu'elle est pilée avec les truffes.

Le seul moyen à employer consiste à mêler
avec la graine de moutarde broyée, une certaine
dose de truffes en poudre, que l'on délaye avec
la moutarde en poudre, par quelques gouttes
d'essence et en y ajoutant tout simplement aromates pilés, un peu de vinaigre, bouillon ou
vin.

De cette manière le gourmand peut faire sa
moutarde lui-même ; il en reconnaîtra la particulière qualité ; nous lui recommandons seulement d'en faire peu à la fois, pour pouvoir
la renouveler plus souvent : il faut tenir bien
bouché le vase qui la contient.

XXXIV.

CONSERVES DE VIANDES.

On conserve les viandes de deux manières :
l'une consiste à les conserver dans presque leur
état de nature, et l'autre à les conserver en-

tièrement apprêtées, c'est-à-dire prêtes à être mangées. C'est ainsi qu'on prépare par la première les membres de volaille, en les conservant dans la graisse à demi-cuisson ; les petites pièces de gibier entières ; quelques parties du cochon, etc. ; par la seconde, s'accomodent toutes les viandes en général, comme si elles allaient être servies et mangées à l'instant même, avec tous les assaisonnemens d'un mets ; mais on ne peut obtenir de conserve dans ce dernier cas que par la privation de l'air, c'est-à-dire en plaçant ces choses dans des vases hermétiquement fermés et passés au bain-marie.

Lorsque ce sont des viandes que vous voulez conserver au naturel dans la graisse, vous procédez de la manière suivante :

Dès que vos viandes sont préparées, vous les mettez cuire dans la graisse ; vous n'y mettez point de poivre, mais quatre épices, aromates et un sachet de truffes en poudre : quand vos viandes sont cuites, vous les retirez de la graisse, et vous les laissez refroidir.

Epluchez de petites truffes, jetez-les dans la graisse dont sort votre viande, faites-les mijoter pendant une bonne demi-heure, ne les assaisonnez point, retirez-les et laissez-les refroidir.

Passez ensuite la graisse et laissez-la refroidir parce que vous aurez soin d'en extraire l'eau produite par la vapeur, qui restera déposée au fond du vase.

Prenez un pot en terre cuite vernie très-épais, placez-y par couches et les viandes et les truffes, et arrosez de plusieurs gouttes d'essence chacune des couches.

Purifiez votre graisse, remettez-la sur le feu et versez-la bouillante dans votre pot : il faut que le pot en soit bien plein, et que les viandes et les truffes en soient tout-à-fait recouvertes.

Les viandes par ce moyen se trouveront entièrement parfumées de truffes, lorsqu'au bout de quelques temps vous vous en servirez.

Les viandes conservées apprêtées, se mettent ordinairement dans des boîtes de fer-blanc ; mais auparavant d'y entrer, on les fait cuire d'abord et on ne procède à leur emboîtage qu'autant qu'elles possèdent toutes les qualités d'un mets prêt à être servi, afin qu'elles soient propres à être mangées à l'ouverture du vase.

Ainsi, quelles que soient les viandes, bœuf, veau, mouton, volaille, gibier, vous les accommodez avec les truffes, comme cela est indiqué à leur article respectif. Il faut néanmoins leur donner un dégré de cuisson de moins, attendu qu'elles ont à cuire au bain-marie et à leur sortie du vase pour être rechauffées. Ces préparations demandent à avoir un peu plus de sel que les autres.

Il faut avoir la précaution de ne point renfermer avec ces viandes, dans les boîtes, aucune espèce d'aromates, tels que thym, laurier, etc., et autres substances analogues, et qui peuvent avoir cuit avec le mets : il faut impérieusement les écarter des viandes, lorsque vous les mettez en boîtes, parce que si elles y entraient, la véhémence de leur goût dans cet état de renfermé dominerait celui des viandes, et les rendrait très-mauvaises, ce dont vous vous appercevriez, mais trop tard, à l'ouverture du vase.

En plaçant les mets dans les boîtes, arrosez-les de quelques gouttes d'essence.

Nous avons remarqué que les champignons cuits et froids pouvaient être mis dans les boites avec les viandes et les truffes, pourvu toutefois que l'action de leur goût soit tout-à-fait éteinte ou amortie.

XXXV.

CONSERVES DE POISSONS.

Pour les mets de poisson conservés en boîtes privées d'air, suivez exactement ce que nous venons d'indiquer pour les viandes qu'on accommode de cette manière. Quant à l'assaisonnement de leurs mets, nous renvoyons pour cela aux articles qui les concernent.

On ne peut mettre des truffes avec les poissons conservés par le sel seul. Ceux qui sont marinés peuvent seuls en avoir : on doit encore, choisir les plus délicats, les meilleurs, comme par exemple, le thon, le saumon, les anchois.

On ne conserve ordinairement que les morceaux les plus délicats du poisson : ainsi on ôte avec soin la tête et les intestins.

On fait cuire le poisson assez souvent dans un court-bouillon : vous devrez-y mettre un pequet de truffes en poudre et aromates. Quand le poisson est cuit, vous le retirez et le laissez égoutter.

Vous prenez ensuite de grosses truffes, ne les épluchez pas et faites-les cuire dans du bon vin bien aromatisé pendant une demi-heure; salez-les convenablement, retirez-les ensuite, laissez-les égoutter et refroidir.

Vous rangez ensuite votre poisson par couches dans des barils, pots ou boites; placez les truffes entre chaque couche et remplissez votre vase avec de la bonne huile d'olive.

Dans les petits fûts on coupe les truffes en carrés pour en faciliter l'introduction, et en multiplier la quantité, comme par exemple, pour les huîtres marinées en baril.

Nous ferons encore remarquer ici que jamais sous aucun prétexte, on ne doit emboîter avec le poisson et les truffes, des aromates quelconques, tels que thym, girofle, laurier, etc.

XXXVI.

CONSERVES DE LÉGUMES.

Les légumes se conservent de deux manière : ceux en herbes se hachent après être cuits dans de l'eau, et ceux en cosses se mettent dans des vases hermétiquement privés d'air, de même que les conserves de viandes et de certains poissons.

Les légumes en herbes que l'on conserve sont ceux-ci : épinards, oseille, chicorée, choucroûte.

Pour les parfumer de truffes, vous ajoutez dans l'eau de leur cuisson une assez bonne quantité de truffes en poudre, et en les empottant vous les arrosez de nombreuses gouttes d'essence.

Les légumes qu'on conserve privés d'air sont pois, fèves, etc.; ils se mettent ordinairement en bouteilles : vous mettez dans l'intérieur de la bouteille, en les y plaçant, un petit sachet de truffes en poudre, et vous les arrosez d'essence.

Les légumes conservés en mets apprêtés, ne peuvent recevoir le parfum de truffes que par l'essence.

CHAPITRE VIII.

CUISSON DES TRUFFES BLANCHES.

Ces truffes sont d'une faiblesse extrême de chairs, quoiqu'au toucher d'une extrême dureté. Elles demandent à être très-fortement relevées, épicées, salées et aromatisées. Leur cuisson se fait en peu d'instans. On les coupe en feuilles un peu épaisses; on les fait séjourner une heure dans la marinade, pour qu'elles soient plus également assaisonnées.

Faîtes fondre de la bonne graisse de volaille, faites sauter ces truffes dedans, en ajoutant persil et ciboules hachés. Tournez la sauce en sauce piquante, liez-la avec un peu de farine; au moment de la servir ajoutez-y un jus de citron.

On devrait toujours éplucher ces truffes; mais quelquefois pour tromper l'œil, on ne les épluche pas, parce que leur peau est noire, et qu'en les laissant ainsi, elles simulent les bonnes truffes.

CHAPITRE IX.

TRUFFES EXOTIQUES.

I

TRUFFES D'ESPAGNE.

Ces truffes sont identiquement semblables aux nôtres, même forme, même charnure, même couleur. Elles ont également les mêmes irrégularités de qualité; mais elles sont toutes généralement assez bonnes. Elles sont souples et moelleuses; les moyens que nous avons inqués pour connaître nos truffes peuvent également s'appliquer à celles-ci.

Elles demandent à être constamment épluchées pour être employées. Si elles ont peu de terre à leur entour, il vaut mieux ne pas les laver, c'est-à-dire les éplucher tout d'abord.

Pour les faire cuire on devra mettre sur le feu dans une casserole du bon jus mêlé d'excellent bouillon bien nourri, poivre, sel, thym, laurier : il faut très-peu d'assaisonnemens. Dès que cela est chaud, on y verse les truffes ; lorsque le liquide commence à boulllir, c'est l'indication positive que ces truffes sont cuites ; alors on les retire du feu.

On peut ensuite se servir de ces truffes, comme on se sert des truffes de France, c'est-à-dire les initier en toutes sortes de mets de la manière que nous l'avons décrit.

Ces truffes peuvent également se conserver par les mêmes procédés que ceux employés pour nos truffes : nous devons toutefois observer que la graisse de volaille leur est infiniment convevable.

II

TRUFFES D'AMÉRIQUE.

Ces truffes sont tellement diversifiées dans les sortes qu'il n'est guère possible d'indiquer des moyens d'en reconnaître les bonnes qualités. Nous ne dissimulerons pas ici qu'il y en a de très-bonnes, mais qu'il y en a aussi de très-mauvaises. Les meilleures et celles à préférer se récoltent dans les régions tempérées ; celles qui se trouvent vers l'équateur et aux extrémités nord et sud sont de goût, de saveur, bien moins développés, bien moins ardens, bien moins capiteux.

Un fait tout-à-fait particulier, c'est qu'en ces lieux comme en France la truffe blanche est inférieure en qualité à la noire, et qu'il est bien constaté que c'est cette dernière seule qui réunit l'arome et le goût qu'on est loin de trouver à la blanche.

Ces truffes ne sont point du tout flexibles au toucher ; elles sont très-dures : aussi doit-on avoir soin, avant de s'en servir, de les débarrasser de leur couverture et de les faire ainsi séjourner dans la marinade au moins douze heures, après quoi on les fait revenir dans du vin avec de la sauge, du romarin, thym, quatre épices, poivre et sel. Elles sont ensuite bonnes à être mises dans tous les mets, dans lesquels nous plaçons les truffes, en suivant pour celles-ci comme pour les nôtres les instructions de leur assaisonnement, direction et cuisson. Ces truffes peuvent cuire avec le champignon. Leur cuisson doit être faite à feu vif et soutenu.

Ces truffes sont peut-être les seules qui ont l'avantage de ne point perdre leur parfum en passant à une préparation de conserve, préparation qui consiste à les faire sécher entières et à les placer dans un bocal qu'on ferme hermétiquement et qu'on expose pendant quelques jours au soleil.

Ces truffes préfèrent l'alliage des substances âpres à celles qui sont grasses et onctueuses : ainsi le vin, le sel, le vinaigre leur sont plus convenables que la graisse, le beurre, etc.

Nous ne donnons ici aucune place aux autres truffes étrangères : nous n'avons pas à nous en occuper ; car non seulement nous ne leur accordons pas la plus légère valeur, le moindre mérite, mais encore nous déclarons qu'elles possèdent tout ce qu'il y a de plus mauvais en goût et qu'on ne doit point en faire usage.

FIN.

[illegible]

TABLE.

Fin de la Table.